Forschung für die Praxis • Band 37

Berichte aus dem
Forschungsinstitut für Rationalisierung (FIR)
und dem Lehrstuhl und Institut
für Arbeitswissenschaft (IAW)
der Rheinisch-Westfälischen
Technischen Hochschule Aachen

Herausgeber:
Univ.-Prof. em. Dr.-Ing. R. Hackstein

R. Huhndorf

DISKOVER
Neuartiges Dispositionsverfahren zur Bestandsreduzierung

Mit 80 Abbildungen

Springer-Verlag
Berlin Heidelberg New York
London Paris Tokyo
Hong Kong Barcelona
Budapest

Dipl.-Math. Ralph-Jürgen Huhndorf

Wissenschaftlicher Mitarbeiter im Forschungsinstitut für Rationalisierung an der Rheinisch-Westfälischen Technischen Hochschule Aachen

Univ.-Prof. em. Dr.-Ing. Rolf Hackstein

Bis zu seiner Emeritierung am 30.6.90 Inhaber des Lehrstuhls und Direktor des Instituts für Arbeitswissenschaft, Direktor des Forschungsinstituts für Rationalisierung an der Rheinisch-Westfälischen Technischen Hochschule Aachen

D 82 (Diss. TH Aachen)

Entwicklung eines Verfahrens zur Ermittlung von Grund- und Sicherheitsbeständen unter Berücksichtigung der realen Lagerabgangsverteilung mit Hilfe von Konfidenzbereichen

ISBN-13: 978-3-540-54007-6 e-ISBN-13: 978-3-642-84501-7
DOI:10.1007/978-3-642-84501-7

Gesamtherstellung:
Becker-Kuns · Druck + Verlag GmbH · Peliserkerstr. 86 · 5100 Aachen · Tel. 0241 / 153767
2160 / 3020-543210

Vorwort des Herausgebers

Die Mechanisierung und Automatisierung der industriellen Produktion hat in den vergangenen Jahren weiter ständig zugenommen. Begriffe wie "Flexible Fertigungssysteme", "Robotereinsatz" oder "CNC-Maschinen" sind einige Deskriptoren dieser Entwicklung. Mit steigender Komplexität der eingesetzten Anlagen, Maschinen und Verfahren erhöhen sich auch die Anforderungen an die Organisation des Zusammenwirkens von Mensch, Betriebsmittel und Material. Die Beherrschung und Verbesserung dieser Ablauforganisation wird mehr und mehr zum entscheidenden Faktor für einen erfolgreichen Einsatz moderner Produktionstechnologien.

Die Ablauforganisation in den Fabriken der Zukunft wird vom Einsatz der Informationstechnik geprägt sein. Einen der Anwendungsschwerpunkte der Informationstechnik in der Ablauforganisation von Produktionsbetrieben bildet der Einsatz von Informationssystemen für die Planung und Steuerung von Produktionsabläufen einschließlich des Transportes und der Lagerung.

Der Erfolg solcher Informationssysteme ist in besonderem Maße davon abhängig, wie gut es gelingt, bei der Entwicklung und beim Einsatz der Systeme gleichermaßen sowohl die technisch-organisatorischen als auch die humanen (arbeitswissenschaftlichen) Aspekte zu berücksichtigen. Während sich die technologische Entwicklung nämlich auf dem Hardware-Sektor äußerst rasant vollzieht, ist zu beachten, daß zwischen der durch die Hardware gebotenen Möglichkeiten und der durch entsprechende Anwendungen eine immer größere Lücke entsteht, die als "Software-Lücke" bezeichnet wird.

Erfolge beim betrieblichen Einsatz können weiterhin aber auch nur dann erreicht werden, wenn der Mensch die oben genannten Informationssysteme akzeptiert. Das aber gelingt nur, wenn der Mensch die sich ergebenden Veränderungen positiv bewältigen kann. Da bisher zu wenig Beweglichkeit, Einfallsreichtum und Flexibilität bei der Entwicklung neuer Bedingungen für die Gestaltung der Arbeitszeit, des Arbeitsplatzes, des Arbeitskräfteeinsatzes, der Arbeitsorganisation und ähnlichem festzustellen ist, zeigt sich hier eine zweite, immer größer werdende Lücke, die vielfach als "Akzeptanzlücke" bezeichnet wird und die in ihren negativen Auswirkungen der "Software-Lücke" sicherlich nicht nachsteht.

Darüber hinaus ist es heute im Hinblick auf die Wirtschaftlichkeit von Neuen Technologien noch allzu häufig üblich, daß man unter der Forderung nach "geringeren Kosten" vorzugsweise "geringere Produktionskosten" und unter "höherer Leistung" vorzugsweise "höhere menschliche Anstrengungen" versteht. Es erhebt sich aber vor dem Hintergrund der Massenarbeitslosigkeit die Frage, inwieweit man heute Neue Technologien als Ersatz für Alte Technologien vorzugsweise durch Reduzierung der Personalkosten anstreben muß und man höhere Leistung vorzugsweise nur durch Erhöhung der menschlichen Anstrengung erreichen kann.

Industrielle Führungskräfte sollen hingegen wissen, daß gerade die mit dem Begriff des Computers verbundenen Neuen Technologien so gestaltbar sind, daß dem Menschen nicht höhere Anstrengungen zugemutet wird, sondern der Computer die Arbeit des Menschen so unterstützen kann, daß das Leistungsergebnis - und darauf kommt es ja an - verbessert wird. Es ist folglich zu prüfen, welche Neuen Technologien geeignet sind, sowohl die Wirtschaftlichkeit zu steigern, als auch den Personalfreisetzungseffekt zu vermeiden.

Die Arbeiten der beiden vom Herausgeber bis 1990 geleiteten Institute, des Forschungsinstitutes für Rationalisierung (FIR) an der RWTH Aachen und des Lehrstuhls und Institutes für Arbeitswissenschaft (IAW) der RWTH Aachen, sind vor diesem Hintergrund darauf gerichtet, Beiträge zur Schließung der angezeigten Lücken und zur Realisierung der genannten Forderungen zu leisten. Zur Umsetzung gewonnener Erkenntnisse wird die Schriftenreihe "FIR-IAW-Forschung für die Praxis" herausgegeben. Der vorliegende Band setzt diese Reihe fort. Die bisher erschienenen Titel sind am Schluß dieses Bandes aufgeführt.

Dem Verfasser danke ich für die geleistete Arbeit, dem Verlag für die Aufnahme dieser Schriftenreihe in sein Programm und allen anderen Beteiligten für ihren Beitrag zum Gelingen des Bandes.

Rolf Hackstein

INHALTSVERZEICHNIS

1. Einleitung und Zielsetzung

Gestiegene Lieferserviceanforderungen der letzten Jahre und immer kürzere Produktlebenszyklen haben eine neue Marktsituation geschaffen (vgl. PARTSCH 1988, S. 32). Häufig unterschreiten z.B. die geforderten Lieferzeiten die Fertigungsdurchlaufzeit, so daß die Bedarfe nur über entsprechend hohe Fertigwarenbestände abgedeckt werden können. Die in nahezu allen Branchen zunehmende Variantenvielfalt (vgl. HICHERT 1986, S. 164 ff.) verschärft diese Situation noch zusätzlich, so daß Fertigwarenbestände in wirtschaftlich kaum zu rechtfertigender Höhe die unausweichliche Folge sind (vgl. TREUTLEIN 1990, S. 1).

Somit gewinnen im Wettbewerb um Märkte und Marktanteile neben Preis und Qualität die Instrumente Lieferzeit und Lieferfähigkeit zunehmend an Bedeutung. Die Lieferzeit wird heute jedoch noch durch zu hohe Bestände erkauft. Ihr Anteil am Umlaufvermögen beziffert SOOM (1976, S. 534) in Größenordnungen von 50 - 70 %. Die kalkulatorischen Lagerkosten betragen nach LINDHARD (1966, S. 312) nicht selten 5 - 10 % der Fertigungskosten. Entsprechend wird Kapital gebunden und die Liquidität des Unternehmens verringert.

Eine Ursache für diesen Zustand liegt darin begründet, daß die zur Verringerung der Fertigwarenbestände beitragende Realisierung kurzer Durchlaufzeiten neben einer hohen und gleichmäßigen Kapazitätsauslastung vorrangig ist, wobei die genannten Sachverhalte in sich konfliktäre Ziele von Produktionsplanungs- und -steuerungssystemen (PPS-Systeme) darstellen (vgl. HACKSTEIN 1989, S. 17 f.).

Für verschiedene Unternehmen ergeben sich in der Regel unterschiedliche Anforderungen an die PPS-Zielgrößen, wie z.B. Durchlaufzeiten und Bestände (vgl. Abb. 1-1).

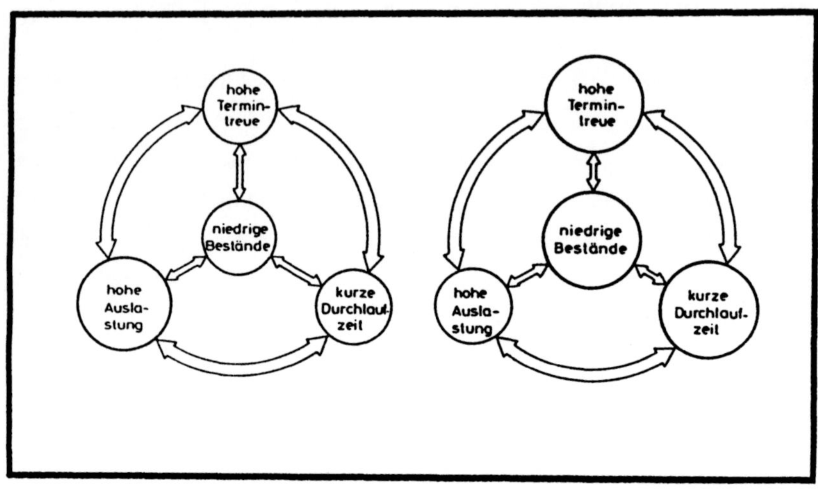

Abb. 1-1: Anforderungen an die PPS-Zielgrößen (in Anlehnung an WIENDAHL 1987, S. 18)

Hierbei stellt sich die Frage, ob die konventionellen Verfahren zur Bestimmung notwendiger Lagerbestände bei gleichbleibender Lieferbereitschaft diesen geänderten Anforderungen gerecht werden. Die vorliegende Arbeit soll anhand des Beispieles aus der Lagerhaltung aufzeigen, daß die Mehrzahl der mathematischen Verfahren in der betrieblichen Anwendung zum Teil erhebliche Schwierigkeiten verursachen, da diese entweder zu aufwendig oder aber aufgrund der geforderten Restriktionen nicht praktisch einsetzbar sind.

Die Bestimmung notwendiger Lagerbestände bei entsprechender Lieferbereitschaft erfolgt in der Regel im Rahmen sogenannter Lagerhaltungsmodelle (vgl. z.B. BROWN 1959; BRUNNBERG 1970, BUCHAN/KOENIGSBERG 1963, FABRYCKY/BANKS 1967).

Die Mehrheit dieser Modelle entstammt der theoretisch-mathematisch orientierten Grundlagenforschung, die versucht, relativ einfache Sachverhalte wie Lagerzu- und -abgang mit vor- und nachgelagerten Bereichen, wie Produktion und Vertrieb, so zu verknüpfen, daß neue mathematisch einwandfreie und im wissenschaftlichen Sinn exakte Verfahren entstehen (vgl. MARKIEWICZ 1988, S. 5). Hierbei werden selbstdefinierte Standardlagerhaltungssituationen zugrundegelegt, die als Ergebnis meist kein problemadäquates Modell zulassen. Es wird z.B. neben der häufig anzutreffenden Annahme eines normalverteilten Lagerabgangsverhaltens davon ausgegangen, daß alle entscheidungsrelevanten Informationen in ausreichender Genauigkeit zur Verfügung stehen (vgl. TEMPELMEIER 1983, S. 192). Das Ergebnis sind letztlich in der Mehrzahl mathematische Verfahren, deren Komplexität durch Kombination mit z.B. Prognosemodellen beliebig gesteigert werden kann.

Diesen theoretisch einwandfreien Verfahren haftet jedoch der Nachteil an, daß sie aufgrund der vorausgesetzten Einschränkungen oder des nötigen mathematischen Aufwandes zumeist nicht den Bedürfnissen der Unternehmen entsprechen. Die Konsequenz ist, daß in der betrieblichen Praxis sogenannte "Quick-and-Dirty"-Methoden Anwendung finden, die viele der zur Verfügung stehenden Informationen nicht genügend nutzen und somit wesentlich an Effektivität verschenken (vgl. MARKIEWICZ 1988, S. 1).

Vor diesem Hintergrund ist es Ziel dieser Arbeit, die mathematischen Grundlagen zur praxisorientierten Bestimmung der notwendigen Grund- und Sicherheitsbestände unter Berücksichtigung eines vorgegebenen Lieferbereitschaftsgrades zu erarbeiten. Hierbei soll jedoch kein zusätzliches Lagerhaltungsmodell abgeleitet werden, das Modellgrößen wie z.B. Losgröße und Kosten beinhaltet. Vielmehr soll diese Arbeit einen Beitrag für entweder

- die Verbesserung bereits bestehender und im Einsatz befindlicher Modelle oder
- für sich in der Entwicklung befindliche neue Modelle

liefern.

In den folgenden Kapiteln wird im Hinblick auf diese Zielsetzung zunächst auf die in dieser Arbeit zu betrachtenden Merkmale des Untersuchungsbereiches (Kapitel 2) eingegangen.

Daran anschließend werden einige speziell für die Bestimmung der genannten Größen entwickelte Modelle und deren mathematischen Hintergründe diskutiert (Kapitel 3). Den Schwerpunkt dieser Arbeit bildet die Entwicklung des Verfahrens (Kapitel 4). Um die Tauglichkeit für die betriebliche Praxis aufzuzeigen, wird anschließend die programmtechnische Realisierung des Verfahrens aufgezeigt (Kapitel 5). Abschließend wird in Kapitel 6 eine zusammenfassende Darstellung des vorgestellten Verfahrens gegeben.

2. Definitionen und Abgrenzungen

Der Grund für das Andauern des in Kapitel 1 beschriebenen Zustandes liegt u.a. in der häufig vertretenen Auffassung, daß die über Jahre doch anscheinend funktionierenden Lagerhaltungsmodelle und die ihnen zugrundeliegenden mathematischen Beschreibungen der Lagerbewegungen nicht völlig falsch sein können (vgl. LINDHARD 1966, S. 312). Man nutzt jedoch Modelle, die zu stark vereinfacht und der Realität oft zu wenig angepaßt sind. Das einfachste Modell stellt das in Abb. 2-1 dargestellte Sägezahnmodell mit gleichmäßigen Wiederbeschaffungszeiten, Grundbeständen und gleichförmigen Lagerabgängen dar.

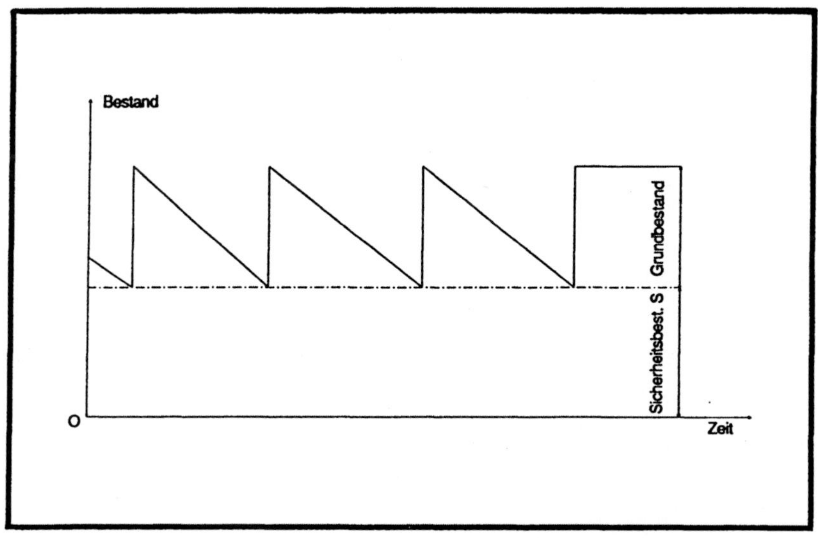

Abb. 2-1: Sägezahnfunktion mit Sicherheitsbestand und Grundbestand

Bei diesem mathematisch einfach handzuhabenden Modell kann zwar anhand stark vereinfachter Situationsbeschreibungen durch Prognosen der Lagerbestand bestimmt werden, die entstehenden Abweichungen zum Realbestand lassen sich jedoch nur über enorme Sicherheitsbestände kompensieren (vgl. KERNLER 1985, S. 32; SPICHER 1975, S. B2).

Empirisch gewonnene Lagerabgangsverteilungen unterscheiden sich im allgemeinen von sogenannten theoretischen Verteilungen. Die wesentlichen Charakteristika zur Beschreibung einer Häufigkeitsverteilung werden als Parameter bzw. Momente einer Verteilung bezeichnet. Im Anhang 8.1 wird auf einige stetige und diskrete Verteilungsfunktionen sowie ihre Paramter eingegangen, soweit es für das Verständnis dieser Arbeit notwendig erscheint.

Da in der Literatur unterschiedliche Bestandsbegriffe verwendet und gleiche Begriffe unterschiedlich verstanden werden, erfolgt in den nächsten Abschnitten zunächst eine Begriffsfestlegung.

2.1 Bestandsbegriffe

2.1.1 Lagerbestand

Der Lagerbestand setzt sich neben anderen Bestandsdaten aus dem Sicherheitsbestand, auch Lagermindestbestand genannt, und der Beschaffungsmenge zusammen (vgl. HACKSTEIN 1988, S. 127 ff.). Die Beschaffungs- bzw. Bestellmenge wird in der Literatur häufig auch als Grundbestand bezeichnet (vgl. KUNZ 1976, S. 20; KONEN 1984, S. 48) (vgl. Abb. 2-1).

2.1.2 Grundbestand

Der Grundbestand soll die durchschnittliche Nachfrage pro Zeiteinheit befriedigen. Seine Größe berechnet sich aus dem durchschnittlichen Absatz je Produkt und Zeiteinheit multipliziert mit der durchschnittlichen Wiederbeschaffungszeit des betrachteten Artikels (vgl. KUNZ 1976, S. 20). Häufigkeit und Umfang der Lagerbelieferung sowie die Nachfrage (Abgänge) zwischen zwei Lagerbelieferungen bestimmen die Größe des Grundbestandes (vgl. KONEN 1984, S. 48).

Also ist für die Berechnung des Grundbestandes die Menge je Artikel gesucht, bei der die Wahrscheinlichkeit einer Überdeckung ebenso groß ist wie die einer Unterdeckung.

2.1.3 Sicherheitsbestand

Die Realität stellt sich jedoch nicht in der in Abb. 2-1 dargestellten Regelmäßigkeit dar. Vielmehr ist mit zeitlichen und mengenmäßigen Schwankungen und Abweichungen bzgl. Verbrauch und Zulieferung zu rechnen. JANSEN (1984, S. 249) bezeichnet den zum Grundbestand zusätzlich gelagerten Sicherheitsbestand deshalb auch als einen Bestand der "Unsicherheit". Er übernimmt die Aufgabe, die Lieferbereitschaft zu gewährleisten und somit sämtliche Zufallseinflüsse, die die Bestandsbewegung betreffen, wie z.B. Mehrverbrauch oder Lieferverspätung, abzudecken (vgl. Abb. 2.1.3-1). Die Höhe des Sicherheitsbestandes wird dabei neben dem Grad der zu erreichenden Lieferbereitschaft von der möglichst genauen Ermittlung des zukünftigen Materialbedarfes bestimmt (vgl. HACKSTEIN 1989, S. 133).

Durch die in der Praxis oft auftretende Schwierigkeit der ungenauen Angabe von Fehlmengenkosten sowie durch die Einbeziehung nichtmonetärer Zielgrößen läßt sich der optimale Sicherheitsbestand jedoch nur schwer berechnen. Deshalb ergibt sich in der Regel die Lieferbereitschaft als Ergebnis der Bestellpolitik (vgl. ALSCHER u. SCHNEIDER 1981, S. 180; HARTING 1987, S. 37; RUTZ 1970, S. 23).

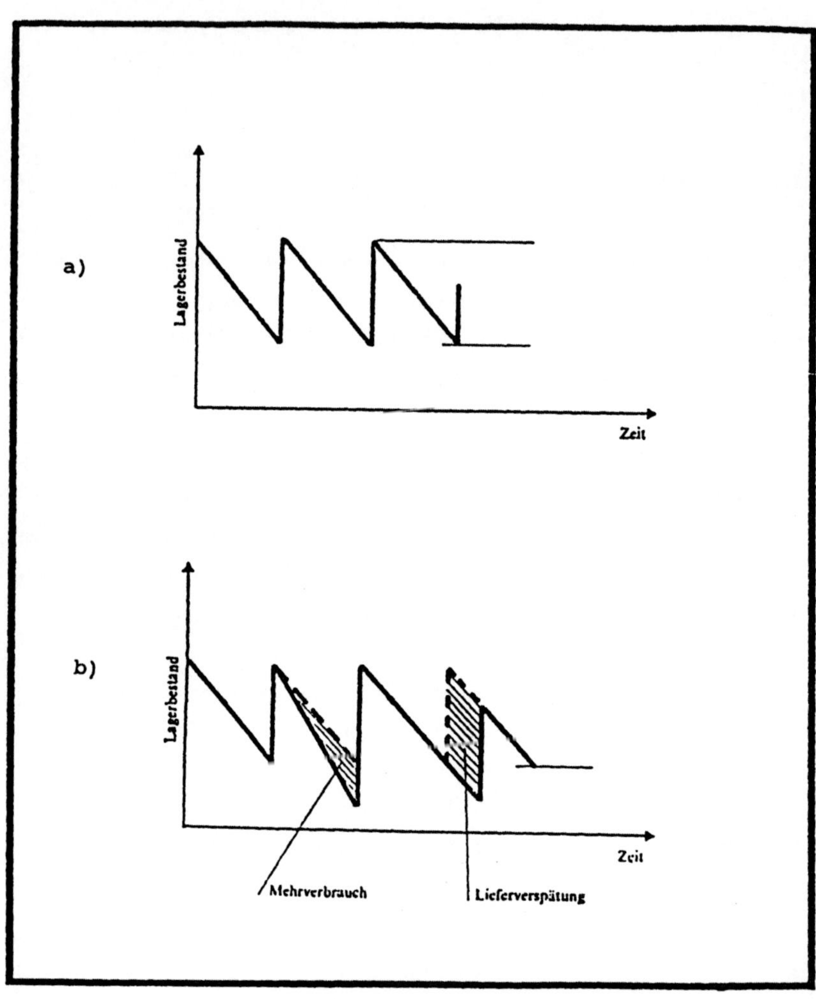

Abb. 2.1.3-1: Lagerbestandsschwankungen; "ideal" (a) und "mit Störeinflüssen" (b) (Quelle: LINDHARD 1966, S. 312)

2.2 Lieferbereitschaft

Unter Lieferbereitschaft versteht MARKIEWICZ (1988, S. 94) die Fähigkeit eines Lagers zur termingerechten Befriedigung der vorkommenden Nachfragen ohne genaue Festlegung, was unter termingerecht zu verstehen ist. Hierzu führt MARKIEWICZ (a.a.O.) weiter aus: "Die zeitliche Dimension des Begriffes wird weitgehend von der Erwartungshaltung des Nachfragers beeinflußt. ... Ein Lager kann durchaus als lieferbereit eingestuft werden, wenn es imstande ist, die Auslieferung des nachgefragten Artikels innerhalb einer verlangten oder innerhalb der allgemein üblichen Zeitspanne sicherzustellen." Dieser Aspekt deutet auf die Schwierigkeit bei der Definition und des Verständnisses des Begriffes Lieferbereitschaftsgrad bzw. Servicegrad hin.

2.2.1 Lieferbereitschaftsgrad

Allgemein gibt nach MARKIEWICZ (1988, S. 95) das Verhältnis der Anzahl von Ereignissen mit Lieferbereitschaft zur Gesamtzahl der betrachteten Ereignisse den Lieferbereitschafts-, Service- oder auch Verfügbarkeitsgrad an. Die Begriffe sind synonym. Der zwischen 0 und 1 liegende Wert des Quotienten wird häufig durch die Multiplikation mit 100 in eine Prozentangabe umgewandelt.

Aufgrund unterschiedlicher Vorstellungen, wie die Zuverlässigkeit eines Lagers zu beurteilen sei, ergibt sich eine Vielzahl an Definitionen von Lieferbereitschaftsgraden. Sie unterscheiden sich prinzipiell nur durch die unterschiedliche Bedeutungszuweisung des Begriffes "Ereignis". (vgl. MARKIEWICZ 1988, S. 95 ff.; ALSCHER u. SCHNEIDER 1981, S. 186; WIEHNDAHL 1983, S. 275).

Einen Überblick über verschiedene Definitionsmöglichkeiten des Begriffs Lieferbereitschaftsgrad gibt Abb. 2.1.5-1 (vgl. HARTING 1987, S. 36; STEINBRUECHEL 1971, S. 27).

	LIEFERBEREITSCHAFTS- oder SERVICEGRAD
1	$\frac{\text{Zahl der Einlagerungsintervalle mit Fehlmengen}}{\text{Gesamtzahl der möglichen Einlagerungsintervalle}}$
2	$\frac{\text{Anzahl der Wochen, in denen geliefert werden kann}}{\text{Gesamtzahl der betrachteten Wochen}}$
3	$\frac{\text{Verlangter Auslieferungstermin lieferbarer Bestellungen}}{\text{Gesamtzahl der eingegangenen Bestellungen}}$
4	$\beta = \frac{\text{Sofort befriedigte Nachfrage in einer Periode}}{\text{Gesamte Nachfrage in einer Periode}}$
5	α Servicegrad = Die Wahrscheinlichkeit α, daß der Bedarf einer beliebigen Periode innerhalb dieser Periode gedeckt wird, ist gleich der Wahrscheinlichkeit, daß der Lagerbestand am Ende einer Periode nicht negativ ist
6	β Servicegrad = $\frac{\text{mittlerer befriedigter Bedarf pro Periode}}{\text{mittlerer Gesamtbedarf pro Periode}}$
7	β' Servicegrad = Erwartungswert $\frac{\text{befriedigter Bedarf}}{\text{Gesamtbedarf}}$
8	γ Servicegrad = Erwartungswert $\frac{\text{über den mittleren Bedarf hinaus befriedigter Bedarf}}{\text{über den mittleren Bedarf hinaus anfallender Bedarf}}$
9	$\frac{\text{Anzahl der termingerecht ausgelieferten Bedarfsanforderungen}}{\text{Gesamtzahl der Bedarfsanforderungen}} \times 100$
10	Servicegrad = Prozentsatz der Anlieferungen an die Produktion, die durch im Lager vorhandenes Material innerhalb eines befristeten Zeitraumes ausgeführt werden können
11	Servicegrad = $\frac{\text{Anzahl der ausgelieferten Anlieferungen an die Produktion}}{\text{Anzahl der erhaltenen Positionen}} \times 100$
12	Servicegrad = $\frac{\text{Anzahl der ausgelieferten Positionen}}{\text{Anzahl der erhaltenen Positionen}} \times 100$
13	Servicegrad = $\frac{\text{Wert der ausgelieferten Materialien}}{\text{Wert der erhaltenen Materialien}} \times 100$

Abb. 2.2.1-1: Definitionsmöglichkeiten des Begriffs Lieferbereitschaftsgrad (Quelle: HARTING 1987, S. 36)

KUNZ (1976, S. 21) bezeichnet als gebräuchliche Definitionen:

"1) Der Verfügbarkeitsgrad gibt den Anteil an der Gesamtzahl der Wiederbeschaffungszeiträume an, in denen keine Fehlmengen auftreten. Es wird also die Häufigkeit von Unterdeckungen ohne Rücksicht auf die Anzahl oder den Umfang der nicht erfüllten Aufträge angegeben. Die Größe der Fehlmengen bleibt unberücksichtigt.

2) Der Verfügbarkeitsgrad gibt den Anteil an der Gesamtnachfrage an, die während der Wiederbeschaffungszeit aus dem Lagerbestand befriedigt werden kann. Diese Definition zielt also nicht auf die Häufigkeit von Unterdeckungen, sondern auf die Höhe der Fehlmengen ab."

Beide Definitionen versuchen einen Maßstab zu finden, der die Nachfragebefriedigung aus dem Lagerbestand angibt. Für eine mathematische Betrachtung bedeutet dies nichts anderes als die Angabe einer Wahrscheinlichkeit über die Erfüllung bzw. Nichterfüllung einer Nachfrage durch das Lager.

Betrachtet man den klassischen Wahrscheinlichkeitsbegriff, dargestellt in der Laplaceschen Wahrscheinlichkeitsdefinition, so wird die Ähnlichkeit zur obigen Definition des Lieferbereitschaftsgrades deutlich (vgl. BAMBERG/BAUR 1985, S. 81).

$$P(A) = \frac{|A|}{|\Omega|} = \frac{\text{Anzahl der für A günstigen Fälle}}{\text{Anzahl aller möglichen Fälle}}$$

wobei P(A) die Wahrscheinlichkeit des Eintretens eines Ereignisses A und $|A|$ kleiner oder im Idealfall gleich der Ereignismenge $|\Omega|$ ist.

Bezugnehmend auf die zweite von KUNZ angegebene Definition (vgl. S. 14) stellt die Anzahl der günstigen Fälle diejenige Menge dar, die in der Gesamtnachfrage befriedigt werden kann. Die Anzahl aller möglichen Fälle ist die Gesamtnachfrage.

Dies entspricht der von HACKSTEIN (1988, S. 127) benutzten Definition, die die Lieferbereitschaft durch den Servicegrad SG ausdrückt:

$$SG=\frac{\textit{Anzahl der voll befriedigten Nachfragen pro Zeitabschnitt}}{\textit{Gesamtzahl der Nachfragen pro Zeitabschnitt}}$$

Der Lieferbereitschaftsgrad wird im folgenden als Forderung definiert. Das bedeutet, daß das Ziel darin besteht, aufgrund der zu erwartenden Lagerabgangsverteilungen und des geforderten Lieferbereitschaftsgrades einen optimalen Sicherheitsbestand zu ermitteln.

Diese Vorgehensweise wird zusammenfassend in Abb. 2.2.1-2 dargestellt. Hier zeigt sich auch die in Kapitel 1 diskutierte Problematik, daß aus dem mathematischen Verfahren gewisse Restriktionen folgen, die bei der praktischen Anwendung häufig vernachlässigt werden oder aber nicht erfüllt werden können.

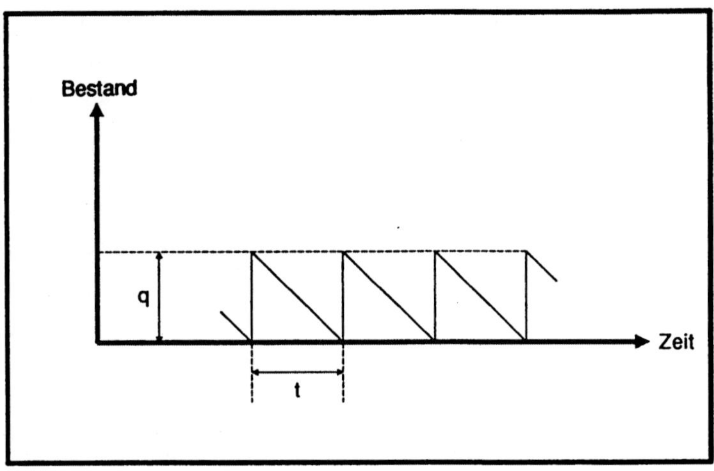

Abb. 3.1.1-1: Das klassische Modell (in Anlehnung an NADDOR 1971, S. 53)

Hieraus ergibt sich, daß der Bestellzyklus durch

$$t = \frac{q}{r}$$

gegeben ist und der mittlere Lagerbestand q/2 beträgt. Die optimalen Bestandsdaten werden durch Minimierung der Gesamtkostengleichung

$$C(q) = B(q) + L(q)$$

mit B(q) = Bestellkosten

L(q) = Lagerungskosten

ermittelt.

Dieses Modell führt auf die klassische Wurzelformel, die von F. HARRIS im Jahre 1915 erstmals zitiert wurde. Während in der angelsächsischen Literatur diese Beziehung häufig als das "Wilson'sche Modell" bezeichnet wird, wird in der deutschsprachigen Literatur dieses Modell wechselweise K. ANDLER (1929) oder K. STEFFANIC-ALLMAYER (1927) zugeschrieben.

Das klassische Modell wurde in viele Richtungen erweitert. So ist es z.B. möglich, Lieferfristen, stetigen Zugang, Rabatte, Fehlmengen u.dgl. zu berücksichtigen. Für eine ausführliche Behandlung dieser zum Teil mathematisch aufwendigen Modelle sei auf NADDOR 1971, WHITIN 1957, WISSEBACH 1983 und SOOM 1976 verwiesen.

WINKLER 1964 und SPRING 1974 stellen bei ihren Modellvergleichen jedoch fest, "... daß trotz zahlreicher differierender Ansätze in nahezu 5 Jahrzehnten keine wesentliche Abweichung von der klassischen Losgrößenformel erzielt wurde" (WINKLER 1964, S. 26). Obwohl das Modell das Lagerhaltungsproblem stark vereinfacht darstellt, bietet es eine gute Approximation der optimalen Lagerhaltungspolitik und ist deshalb auch als Spezialfall in vielen komplizierten Modellen enthalten.

Eine dynamische Version des klassischen Modells zur Bestimmung notwendiger Grundbestände ist von WAGNER und WHITIN im Jahre 1958 aufgestellt worden. Der Lagerabgang pro Periode wurde wieder als bekannt angenommen, doch darf dieser in den einzelnen Perioden jeden positiven Wert annehmen (vgl. Abb. 3.1.1-2). Ein Schwerpunkt ihrer Arbeit bildet daher die Ableitung eines Algorithmus zur Berechnung der optimalen Bestellmenge (bzw. Grundbestand). Diese wird wiederum durch die Minimierung der Gesamtkostengleichung ermittelt (vgl. SCHNEEWEIß 1981, S. 54):

$$C = \sum_{k=0}^{N-1} \left[B(q_k) + L(z_{k+1}) \right]$$

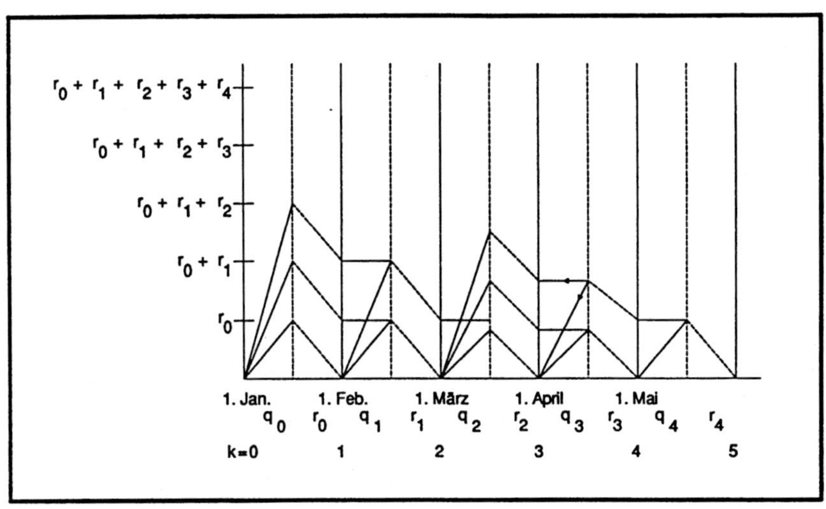

Abb. 3.1.1-2: Wagner-Whitin-Bestellpolitik (in Anlehnung an SCHNEEWEIß 1981, S. 56)

Mit: Periode K = 0,1, ..., N-1

r_k : Nachfrage im Inspektionsintervall k

q_k : Bestellung in k

Varianten des Wagner-Whitin-Modells sind das Verfahren der gleitenden Losgröße (bzw. Grundbestand) und das Kostenabgleich-Verfahren (cost-balance). Während bei der gleitenden Losgröße nicht die Gesamtkosten, sondern die Stückkosten minimiert werden, wird beim Kostenabgleich-Verfahren überhaupt keine Optimierung durchgeführt, sondern die Höhe der auszulösenden Bestellungen so bemesen, daß für so viele Perioden bestellt wird, bis die dadurch zu erwartenden Lagerkosten gleich den bestellfixen Kosten sind (vgl. SCHNEEWEIß 1981, S. 58 ff.).

3.1.2 Stochastische Modelle

Die Einführung stochastischer Elemente in die Lagerhaltungsmodelle bedeutet einen wesentlichen Fortschritt in den Bemühungen, die Lagerhaltungswirklichkeit richtig abzubilden, da eine wirklichkeitsnahe Analyse des Lagerhaltungsproblems unter Berücksichtigung der mathematischen Möglichkeiten die Unsicherheit der nicht kontrollierbaren Parameter berücksichtigen muß. Besonders die stochastische Betrachtung von Lagerabgang und Lieferzeit und damit des Grundbestandes ist in der Regel unausweichlich. Sie unterliegen meist einer mehr oder minder genau bestimmbaren Wahrscheinlichkeitsverteilung.

Das einfachste der stochastisch-statischen Modelle behandelt die Lagerhaltung eines Produkts, das nur während einer bestimmten Zeit nachgefragt wird. In dieser Periode ändert sich die Lagerabgangsverteilung nicht. Am Anfang der Periode wird einmal die Menge x bestellt. Die Nachfrage y tritt mit einer Wahrscheinlichkeitsdichte f(y) am Ende der Periode auf. Die Lieferzeit kann vernachlässigt werden. An Kosten entstehen proportionale Bestellkosten sowie Lagerungs- und Fehlmengenkosten, die vom Bestand am Ende der Periode abhängen. Das klassische Modell dieses Problems wurde während des 2. Weltkrieges entwickelt und ist unter dem Namen "Christbaum-" oder "Zeitungsjungenproblem" bekannt geworden (vgl. HOCHSTÄDTER 1969, S. 30 ff.). Eine Verallgemeinerung dieses Modells läßt Schwankungen der Bestellmenge zu, die mit Kosten belegt wurden, sowie eine Möglichkeit, überschüssige Güter am Ende der Saison zu einem Preis zu "verschleudern", der unter dem Verkaufspreis liegt.

Die stochastisch-dynamischen Lagerhaltungsmodelle beruhen auf einer Anwendung des stochastisch dynamischen Programmierens. Die dynamische Programmierung nutzt die Möglichkeit, sequentielle Entscheidungsprobleme in zwei Teile zu zerlegen: Die Entscheidung für die laufende Periode und die Entscheidung für alle zukünfti-gen Perioden. Die Verbindung zwischen den einzelnen Periodenteilen stellt ein rekursives System von Funktionalgleichungen her, aus dem die optimale Entscheidungsfolge berechnet wird (vgl. SCARF, GILFORD, SHELLY 1963, S. 198 ff.).

Die klassische Anwendung der Erkenntnisse des dynamischen Programmierens finden sich in einer bahnbrechenden Arbeit von ARROW, HARRIS und MARSHAK aus dem Jahre 1951. Ihr Modell wurde seither gleichgesetzt mit einer s-S Politik, die auf der sogenannten zwei-Faß-Regel (two-bin-policy) beruht. Diese besagt: Es gibt zwei charakteristische Lagergrößen, die Wiederbestellgröße s (Anm. des Verfassers: entspricht dem Bestellauslösebestand) und den maximalen Lagerbestand S mit $s < S$. Wenn der tatsächliche Lagerbestand kleiner oder gleich s ist, wird er auf S angehoben (vgl. ARROW, HARRIS, MARSHAK 1951, S. 250-272).

Diese Theorie beruht auf der Anwendung des stochastisch-dynamischen Programmierens. Hier wird jedoch eine bekannte und meist gleichverteilte Nachfrage vorausgesetzt. Bei Problemen aus der Praxis wird man jedoch in der Regel mit hochkorrelierten instationären Nachfrageprozessen konfrontiert. Dennoch zeigen die Ergebnisse von ARROW, HARRIS und MARSCHAK (a.a.o.) in eindeutiger Weise den Einfluß der Stochastik auf die Lagerhaltungspolitik (vgl. SCHNEEWEIß 1981, S. 47).

Durch die Arbeit von ARROW, HARRIS und MARSHAK angeregt, haben DVORETZKY, KIEFER und WOLFOWITZ während der Jahre 1952/1953 in drei Arbeiten, sowie BELLMANN, GLICKSBERG und GROSS im Jahre 1955 dieses Modell weiter untersucht. Sie versuchten, Bedingungen zu finden, unter denen eine einfache Politik optimal ist.

Eine Übersicht über die mathematischen Ergebnisse, die sich allerdings auf Ein-Lager Modelle beschränkt, findet sich in der 1958 erschienen Arbeit von ARROW, KARLIN und SCARF.

Bis zur Mitte der sechziger Jahre befaßten sich die wissenschaftlichen Arbeiten auf dem Gebiet der Lagerhaltung fast ausschließlich mit Modellen, die <u>ein</u> Gut und <u>ein</u> Lager, sogenannte SISS-Modelle (SISS = Single Item Single Source), behandeln. Ungefähr seit 1965 befaßt sich die Lagerhaltung daher verstärkt mit Modellen für mehrere Produkte in einem Lager (MISS = Multi-Item, Single-Source) und mit Modellen für ein Produkt in mehreren, miteinander verbundenen Lagern (SIMS = Single-Item, Multi-Source) (vgl. IGLEHART 1967, S. 51). Während bei den

Einproduktansätzen gleichermaßen stationäre und dynamische Lösungen angestrebt wurden, rücken in den Mehrproduktmodellen die dynamischen Aspekte des Lagerhaltungsproblems in den Mittelpunkt des Interesses. Ein Grund dafür ist sicher in der Verbreitung der Dynamischen Programmierung zu finden (vgl. ASSFALG 1976, S. 60 ff.). Diesen Modellen haftet jedoch der Nachteil an, daß sie zumeist sehr aufwendig sind und somit in der praktischen Anwendung kaum zu finden sind.

Um den Lösungsaufwand, den mehrere Zustands- und Entscheidungsvariable in Modellen mit Dynamischer Programmierung erfordern, zu reduzieren, hat sich VEINOTT (1965, S. 206-210 und 219-220) mit den Voraussetzungen und Möglichkeiten einer Zerlegung des Mehrproduktproblems befaßt. Es gelang ihm, das N-periodische M-Produkt Problem in N einperiodische Probleme mit M Produkten aufzuspalten.

Einen anderen Weg geht BALINTFY (1964, S. 287-297). Unter Berücksichtigung der Eignung für die elektronische Datenverarbeitung versucht er den computertauglichen Einzelproduktansatz um Elemente zu erweitern, die eine gemeinsame Bestellung mehrerer Produkte ermöglichen. Dadurch sollen die oft erheblichen Sammelbestellvorteile wahrgenommen werden. BALINTFYs Politik der zufälligen Sammelbestellungen basiert auf der erprobten (s-S)-Regel.

Für ein Zweiproduktmodell grenzt HOCHSTÄDTER (1971, S. 269-289) den Bestellbereich durch eine Treppenfunktion ab. Mit Hilfe der stationären Analyse wird der optimale Bestellbereich errechnet. Die formale Erweiterung auf mehr als zwei Produkte ist leicht möglich. Allerdings steigt der Rechenaufwand sehr schnell mit der Anzahl der Produkte.

3.2. Überblick über die mathematischen Methoden zur Ermittlung des Sicherheitsbestandes

Ein nicht unwesentlicher Anteil an den Lagerbeständen wird durch die Sicherheitsbestände hervorgerufen. Der Sicherheitsbestand dient im wesentlichen zur Abdeckung der mengenmäßigen und terminlichen Schwankungen der Abgänge eines Lagers. Er hat also die Aufgabe, das Unternehmen - bis zu einem gewissen Grade - vor Fehlmengen zu schützen, oder, anders ausgedrückt, eine bestimmte Lieferbereitschaft zu garantieren.

Bei der Berechnung des Sicherheitsbestandes können die Schwankungen des Lagerabgangs und der Wiederbeschaffungszeit mit Hilfe mathematischer Verteilungen beschrieben werden. Eines der zentralen Probleme der Lagerhaltung besteht nun darin, einen Verteilungstyp zu bestimmen, mit dem die empirische Verteilung des Lagerabgangs oder der Lieferzeit in geeigneter Weise approximiert werden kann. Ist es mit ausreichender Genauigkeit möglich, einen der tatsächlichen Verteilung entsprechenden theoretischen Verteilungstyp zu finden, so wird der Sicherheitsbestand mit Hilfe der verteilungsspezifischen Formeln (z.B. für den Konfidenzbereich) berechnet.

Im folgenden soll ein zeitlicher Abriß über die Methoden zur Berechnung der Sicherheitsbestände gegeben werden. Dabei werden die zugrundegelegten Verteilungstypen besonders hervorgehoben, da durch diese die jeweilige mathematische Vorgehensweise charakterisiert wird.

Das Problem der Sicherheitsbestände wurde schon früh von EDGEWORTH 1888 und SCHLESINGER 1914 im Hinblick auf die Ermittlung der optimalen Kassenhaltung von Banken untersucht. "Wenn die Abhebungen wahrscheinlichkeitsverteilt sind mit einem Mittelwert μ und einer Standardabweichung σ, so ist der optimale Kassenbestand demnach:

$$s = \mu + k * \sigma$$

Hierbei hängt der Wert k von der Wahrscheinlichkeit ab, mit der die Banken Auszahlungsforderungen erfüllen wollen. Diese Wahrscheinlichkeit nennt man Service-level." (vgl. HOLZBERG 1980, S. 37) Für die Lagerplanung entwickelte EISENHART (1948) den gleichen Ansatz.

HUNZIKER stellt die These auf, daß bei guter Planung überhaupt kein Sicherheitsbestand nötig sei. Hierzu führt er aus (vgl. HUNZIKER 1964, S. 163 ff.): "Gelegentlich wird erklärt, die Größe der Sicherheitsbestände werde durch die Verbrauchsschwankungen bestimmt. Diese Begründung ist ungenau". Bei den Planungsungenauigkeiten handelt es sich seiner Meinung nach neben Verbrauchsabweichungen auch um Fehler der Bestandsführung, Lieferterminabweichungen und, wenn das Bestellintervall kleiner als die Beschaffungszeit ist, auch um Abweichungen der fabrizierten oder gelieferten Stückzahl (vgl. Abb. 3.2-1).

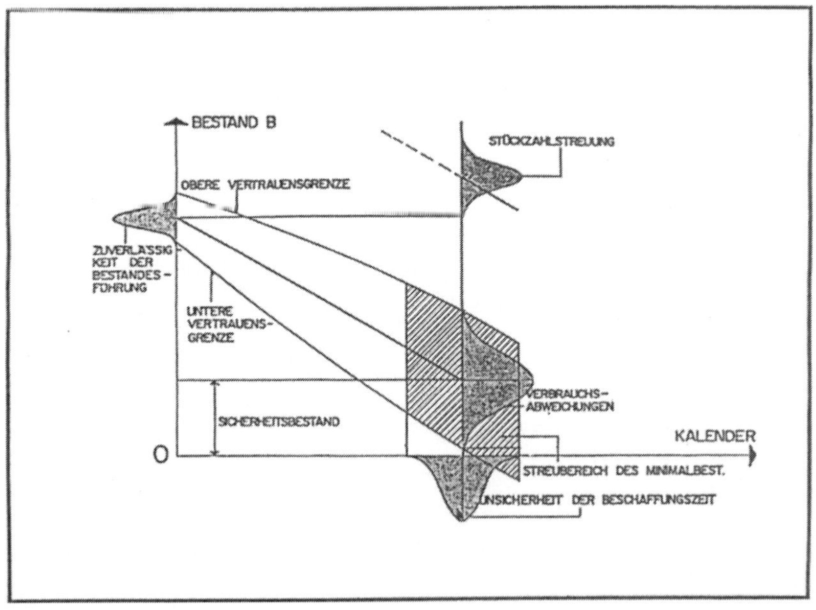

Abb. 3.2-1: Die Planungsabweichungen (in Anlehnung an HUNZIKER 1964, S. 164)

Zur Berechnung des Sicherheitsbestandes verwendet HUNZIKER die dynamischen Planung, was bedeutet, daß sich die Rechnung für den Sicherheitsbestand wiederholt, sobald sich der Wochenbedarf w, die Beschaffungszeit b, die Planungsabweichungen oder die Kosten geändert haben. HUNZIKER (1964, S. 165) gibt drei Formeln an, um den Sicherheitsbestand zu bestimmen.

$$S = k * b * w$$
$$S = k * (b)^{\frac{1}{2}} * w$$
$$S = k * (b * w)^{\frac{1}{2}}$$

Die Konstante k nennt er Sicherheitskonstante. Um eine ansteigende Konjunktur nicht unnötig zu verschärfen und während dieser kritischen Zeit doch vorsichtig zu planen, empfiehlt HUNZIKER die dritte Formel. Für Pflichtlager, für Positionen mit von der Geschäftsleitung verlangten vorsorglichen Beständen und für Serviceteile mit kleinem, sehr sporadischem und nicht rechtzeitig bekanntem Verbrauch kann außerdem ein fester Sicherheitsbestand S_f vorgeschrieben werden. Für diesen Fall ergibt sich bei HUNZIKER (1964, S. 165) dann folgende Formel

$$S = k * b^{\frac{1}{2}} * w + S_f$$

Da die Planungsabweichungen auf sehr viele, voneinander unabhängige Einflüsse zurückzuführen sind, kann man seiner Meinung nach annehmen, daß die Lagerabgänge normalverteilt sind (vgl. Abb. 3.2-2).

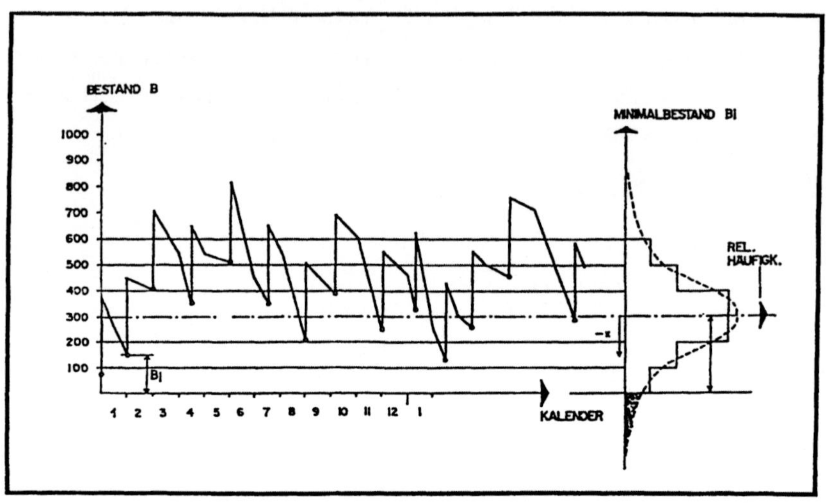

Abb. 3.2-2: Häufigkeitsverteilung der Minimialbestände (in Anlehnung an HUNZIKER 1964, S. 166)

RUTZ (1970) entwickelt in seiner Arbeit ein mathematischen Modell für die Berechnung von Sicherheitsbeständen bei gemischt stochastisch-deterministischem Lagerabgang. Bei der Optimierung von Losgröße (bzw. Grundbestand) und Sicherheitsbestand unterscheidet er zwei wesentliche Varianten:

- gemeinsame Optimierung von Losgröße und Sicherheitsbestand

- getrennte Optimierung von Losgröße und Sicherheitsbestand.

Obwohl nur die gemeinsame Optimierung von Losgröße und Sicherheitsbestand das eigentliche Gesamtoptimum liefert, basiert seine Arbeit auf einem Modell mit getrennter Optimierung.

Modellen mit gemeinsamer Optimierung haftet schon von der Problemstellung her der große Nachteil an, daß der optimale Grundbestand und der optimale Sicherheitsbestand nicht mehr in je einer expliziten Gleichung darstellbar sind und man sie daher nur über ein Iterationsverfahren erhält. Das bedeutet natürlich einen beträchtlichen rechentechnischen Mehraufwand gegenüber einer getrennten Optimierung, so daß seiner Meinung nach (RUTZ 1970, S. 9) "... eine solche Gesamtoptimierung selbst beim Einsatz eines Computers vom Aufwand her in Frage gestellt werden muß". Bezüglich der Gewichtung von Grund- und Sicherheitsbestand schreibt er (RUTZ 1970, S. 7): "Man kann sich des Eindrucks nicht erwehren, daß viele Abhandlungen zum Thema Lagerhaltung zum Teil zu kompliziert und vor allem praxisfremd sind, wobei ich insbesondere an die amerikanische Literatur denke", und er schreibt weiter (RUTZ 1970, S. 8): "Es wird aber vielfach zu wenig beachtet, daß in dieser Hinsicht (Anm. d. Verfassers: Kostenoptimierung) mit der Losgröße (Anm. d. Verfassers: entspricht dem Grundbestand) weniger zu gewinnen ist, als mit dem Sicherheitsbestand.

E. SOOM hat in einer großen Untersuchung mittels Simulation gezeigt, daß der Sicherheitsbestand je nach dem Wert der berücksichtigten Einflußfaktoren zum Teil ein Mehrfaches der Losgröße ausmacht und damit den durchschnittlichen Lagerbestand stärker bestimmt".

Den Berechnungen des Lagerbestands liegt bei RUTZ (1970, S. 20 ff.) im wesentlichen das bekannte Sägezahnmodell mit einer Wiederbeschaffungsfrist WF, einem Grundbestand X_0 und einem Sicherheitsbestand SB zugrunde (vgl. Abb. 3.2-3). Der Bestellbestand BB ergibt sich aus der Addition von Sicherheitsbestand und durchschnittlichem Verbrauch während der Wiederbeschaffungsfrist.

Der Sicherheitsbestand ist für ihn ganz unabhängig von der zugrunde gelegten Lagerabgangsverteilung immer proportional zur Standardabweichung der betreffenden Verteilung, "... die ja ein Maß für die Schwankungen einer stochastischen Größe um ihren Mittelwert darstellt" (RUTZ 1970, S. 21). Zur Berechnung des Sicherheitsbestands benutzt er daher folgende Formel:

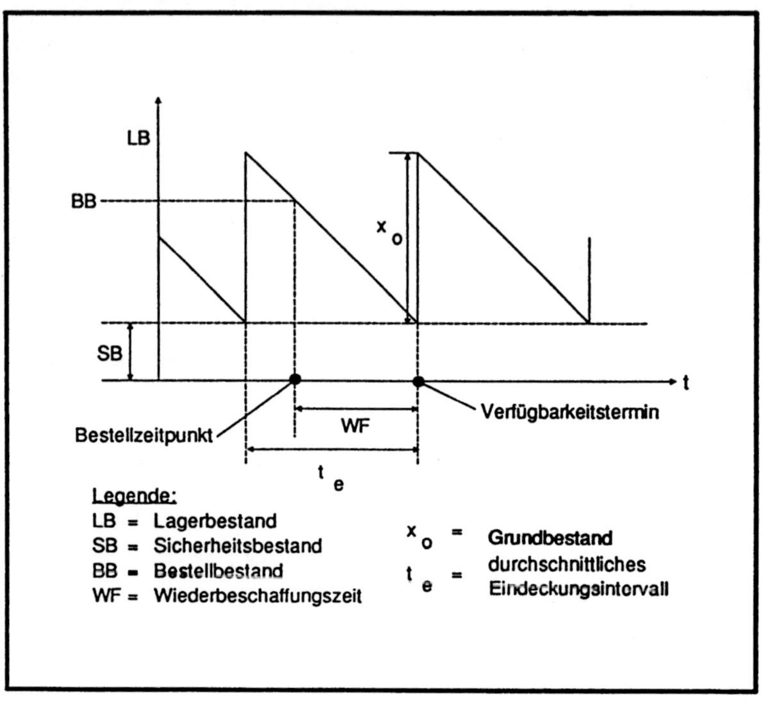

Abb. 3.2-3: Sägezahnmodell (in Anlehnung an RUTZ 1970, S. 20)

$$SB = t * \sigma_{v_{WF}}$$

mit:

SB = *Sicherheitsbestand*

t = *Proportionalitätsfaktor*

$\sigma_{v_{WF}}$ = *Standardabweichung der Verteilung während der Wiederbeschaffungsfrist*

"Der Proportionalitätsfaktor t ist jener Faktor, mit dem die Standardabweichung einer Verteilung multipliziert werden muß, um vom Mittelwert aus zu einem bestimmten

Wert der Verteilungsfunktion zu gelangen, bei der jedem Wert der stochastischen Variablen, d.h. des Bedarfes, ein bestimmter Anteil von Ausfällen entspricht, der aus der Funktion direkt abgelesen werden kann " (RUTZ 1970, S. 22).

Während bei der Normalverteilung der Proportionalsfaktor t bereits durch den betreffenden Wert der Verteilungsfunktion eindeutig bestimmt ist, kann dieser bei anderen Verteilungen noch von weiteren Einflußfaktoren abhängen. In allen Fällen ist aber der Faktor t durch die Verteilungsfunktion und das Ausfallrisiko eindeutig gegeben.

SOOM (1976a, S. 91) kritisiert die vorherrschenden Methoden zur Berechnung von Sicherheitsbeständen. "Die vorherrschende Theorie geht dabei von der Annahme aus, daß die Verbräuche (Anm. d. Verfassers: entspricht den Lagerabgängen) je Zeiteinheit normalverteilt sind. Eingehende Analysen haben aber gezeigt, daß diese Annahme in den allerwenigsten Fällen zutrifft, und zwar aus zwei Gründen: Erstens weisen sehr viele Verbrauchsstrukturen schiefe Verteilungen mit dem Schwerpunkt auf kleinen Verbräuchen auf. Hier könnte allenfalls die logarithmische Normalverteilung zugrunde gelegt werden. Zweitens, und dies ist der durchaus schwerwiegendere Grund, der gegen die Normalverteilung spricht, haben sehr viele Artikel sporadische und halbsporadische Verbrauchsstrukturen, die nicht durch eine Normalverteilung ausgedrückt werden können".

SOOM kommt deshalb zu dem Schluß, daß zur Beschreibung der Verbrauchsstruktur ein Verteilungstyp gewählt werden muß, der neben dem Mittelwert auch die Schiefe formelmäßig mitberücksichtigt. Dabei kommen für ihn grundsätzlich nur die beiden zweiparametrigen Verteilungstypen, nämlich die Binominialverteilung und die Gammaverteilung in Frage. Da es sich bei der Lagerhaltung von Industriekomponenten in der Regel um diskrete Bezüge handelt, hält er eine diskrete Lagerabgangsverteilung für besser geeignet, und verwendet in seinen weiteren Berechnungen deshalb die Binominialverteilung. Aufgrund der gleichzeitigen Berücksichtigung von Verbrauchsstruktur und Planbarkeit, die eine analytische Berechnung des Sicherheitsbestandes unmöglich macht, benutzt SOOM die Hilfsmittel der Simulation. Die Lagerbestandsentwicklung wird von ihm für drei Lagerhaltungsmodelle (P-, Q-, s-S-Modell) simuliert und kostenmäßig optimiert.

Dabei verwendet er eine tabellarische Lösung, um die Berechnung des Sicherheitsbestandes für die praktische Handhabung möglichst einfach zu gestalten. Aus dem tabellierten Sicherheitsfaktor u, der die relevanten Einflußgrößen, wie Verbrauchsstruktur, Planbarkeit, Lieferbereitschaftsgrad, Wiederbeschaffungsfrist und mittleres Bestellintervall enthält, läßt sich dann der Sicherheitsbestand für das jeweilige Modell relativ einfach berechnen.

HOLZBERG (1980) berücksichtigt in seinem Ansatz zur Optimierung der Höhe der Sicherheitsbestände sowohl stochastische Lieferzeitverzögerungen als auch stochastische Lagerabgangsschwankungen. Genauso wie RUTZ (1970) geht er von einer getrennten Optimierung von Losgröße (bzw. Grundbestand) und Sicherheitsbestand aus und zeigt, daß eine Vernachlässigung der Abhängigkeiten zwischen optimaler Losgröße und optimalem Sicherheitsbestand keine allzu großen Fehler nach sich zieht. Der Sicherheitsbestand ergibt sich bei ihm zu:

$$SVOR = \int (s-r)\ f(x)\,dr$$

HOLZBERG (1980, S. 60) kommt dabei zu folgendem Ergebnis: "Die Höhe der Sicherheitsvorräte hängt ab von der zugrundegelegten Wahrscheinlichkeitsverteilung. Unter der Annahme einer Exponentialverteilung wachsen die Sicherheitsbestände leicht progressiv mit dem Bedarf. Bei einer Normalverteilung wachsen sie annähernd wurzelförmig. Letzteres gilt auch für poissonverteilten Bedarf".

TERSINE (1982, S. 133) kommt bezüglich der Annahme der Wahrscheinlichkeitsfunktionen zu denselben Ergebnissen wie schon BUCHAN und KOENIGSBERG 1963. "The normal, Poisson, and negative exponential distributions have been found to be of considerable value in describing demand functions. The normal distribution has been found to describe many demand functions at the factory level; the Poisson, at the retail level; and the negative exponential, at the wholesale and retail levels".

KRAUS beschränkt sich in seinen Arbeiten 1983 und 1989 auf Lagerhaltungsmodelle mit stochastischem Lagerabgang und konstanter Wiederbeschaffungszeit, da die mathematischen Modelle sonst zu komplex würden, um im Betrieb eingesetzt zu werden. Hierzu schreibt er (KRAUS 1989, S. 78): "In den heutzutage verwendeten Modellen wird nur für die Verbrauchsschwankungen eine Wahrscheinlichkeitsfunktion ermittelt; alle anderen Faktoren werden auf ihren Mittelwert gesetzt".

KRAUS (a.a.O.) geht bei seinen Methoden zur Berechnung des Sicherheitsbestandes von drei grundsätzlichen Problemklassen aus (vgl. Abb. 3.2-4):

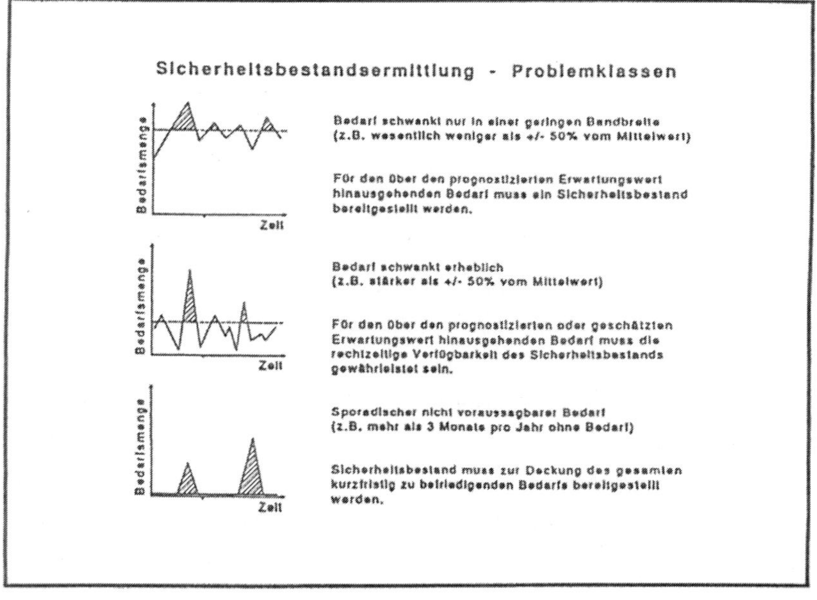

Abb. 3.2-4: Problemklassen bei der Sicherheitsbestandsermittlung (Quelle: KRAUS 1989, S. 82)

1. Erzeugnisse mit hohem Bedarfsniveau und geringen Bedarfsschwankungen, wie es für Großserienvarianten auf Erzeugnisebene typisch ist.

2. Erzeugnisse mit mittlerem Bedarfsniveau und hohen Bedarfsschwankungen, wie es für Kleinserienvarianten auf Bauteileebene typisch ist.

3. Der Fall der sporadischen Nachfrage, wie er häufig bei Ersatzteilen in der Instandhaltung anzutreffen ist.

1. Fall: Erzeugnisse mit geringen Bedarfssschwankungen

Bei den Großserienvarianten mit geringen Bedarfsschwankungen soll der Sicherheitsbestand mit mathematisch-statistischen Prognoseverfahren ermittelt werden (vgl. Abb. 3.2-5), die "... auf der vielfach bestätigten Annahme beruhen, daß die Verbrauchsschwankungen der Vergangenheit in ähnlicher Größenordnung auch in der Zukunft auftreten werden" (KRAUS 1989, S. 78). Für die verschiedenen klassischen Verfahren ergeben sich jedoch unterschiedliche Eignungsgrade hinsichtlich der wesentlichen Merkmale. Eine entsprechende Gegenüberstellung bietet Abb. 3.2-5.

Sind die Lagerabgangs- bzw. Verbrauchsschwankungen normalverteilt, kann der erforderliche Sicherheitsbestand nach KRAUS in Abhängigkeit von der Standardabweichung und einem gewünschten Lieferbereitschaftsgrad nach Formel 1 in Abb. 3.2-6 berechnet werden. Weiter führt KRAUS aus (1989, S. 79): " In der Realität treten jedoch sehr häufig sogenannte "linksschiefe" Verbrauchsverteilungen auf. Linksschief bedeutet dabei, daß die meisten Verbrauchswerte kleiner sind als der Mittelwert, wenige Ausreißerwerte jedoch erheblich höher liegen. Man macht bei der Sicherheitsbestandsermittlung von der Tatsache Gebrauch, daß linksschiefe Verteilungen sich mit genügender Genauigkeit durch die Lognormalverteilung darstellen lassen". Hierbei sind dann die Logarithmen der Verbrauchswerte normalverteilt und die Sicherheitsbestandsermittlung erfolgt nach Formel 2 in Abb. 3.2-6.

Prognosemethoden	Merkmale							
	Berücksichtigung des Trends	Berücksichtigung der Saisonalität	Anwendung bei sporadischem Bedarf	Anpassungsgeschwindigkeit an neueste Vergangenheitsdaten	Rechenaufwand	Prognose kurzfristig	Prognose mittelfristig	Prognose langristig
exponentielle Glättung 3. Ordnung	ja	ja	schlecht	sehr schnell	sehr groß	sehr gut	mittel	schlecht
vereinfachte exponentielle Glättung 3. Ordnung	ja	ja	nicht geeignet	sehr schnell	mittel	gut	mittel	schlecht
lineare Regression	ja	ja	geeignet	langsam	gering	mittel	gut	gut
einfache Prognose	teilweise	ja	geeignet	sehr langsam	gering	mittel	mittel bis gut	mittel
gleitender Durchschnitt	nein	nein	geeignet	sehr langsam	sehr gering	mittel bis gut	mittel bis schlecht	schlecht

Abb. 3.2-5: Eignungsprofil einzelner Prognosemethoden (in Anlehnung an KRAUS 1983,S. 434)

Der Sicherheitsbestand ist abhängig vom geforderten Lieferbereitschaftsgrad und von der Verteilung des Bedarfs bzw. des Verbrauchs

$$SB_{Normalv.} = SF * S \quad \text{(Formel 1)}$$

$$SB_{Lognormv.} = \bar{X} * (e^{SF * \ln(\eta^2 + 1) - \frac{1}{2}\ln(\eta^2 + 1)} - 1 \quad \text{(Formel 2)}$$

SF : Sicherheitsfaktor, der von der Höhe der geforderten Lieferbereitschaft abhängig ist. (z.B. SF = 1 für LB = 84,1% oder SF = 2 für LB = 97,7%)

$S = \sqrt{\frac{\sum (X_i - \bar{X})^2}{(n-1)}}$: Standardabweichung

X_i : Verbrauchswert

$\bar{X}$: Arithmetisches Mittel der Verbrauchswerte

n : Anzahl Verbrauchswerte

$\eta = \frac{S}{\bar{X}}$: Variationskoeffizient der Verbrauchsverteilung

Abb. 3.2-6: Berechnung des Sicherheitsbestandes bei zugrundegelegter Normal- bzw. Lognormalverteilung (Quelle: KRAUS 1989, S. 81)

2. Fall: Erzeugnisse mit hohen Bedarfsschwankungen

Die Kleinserienvarianten faßt er zunächst in Gruppen von technisch ähnlichen Produkten, sogenannten "Variantengruppen", zusammen. Pro Variantengruppe errechnet er dann aus den Verbrauchsschwankungen der Erzeugnisse mit den in Abb. 3.2-6 aufgeführten Formeln jeweils den Sicherheitsbestand, löst ihn auf Bauteileebene auf und modifiziert ihn je nach Teilecharakteristik.

3. Fall: Erzeugnisse mit sporadischen Bedarf

Bei sporadischem Bedarf ist die Höhe des Sicherheitsbestandes nach KRAUS im wesentlichen durch folgende Faktoren bestimmt:

- Beschaffungsfrist
- Anzahl der möglichen Einsatzorte (Maschinen, Anlagen) und deren Wichtigkeit für den Produktionsprozess
- Lebensdauer des Ersatzteils.

Während in den ersten beiden Bedarfsfällen der Entscheidungsprozeß vollständig von einem EDV-Programm abgewickelt wurde, "... wird bei sporadischem Bedarf auf die Erfahrungen und das Beurteilungsvermögen des sachkundigen Mitarbeiters zurückgegriffen" (KRAUS 1989, S. 82). Zur Erleichterung dieser Tätigkeit werden die vorhandenen Entscheidungsgrundlagen in geeigneter Form aufbereitet und bereitgestellt.

MARKIEWICZ (1988) untersucht die Ersatzteildisposition im Maschinenbau und kommt zu ähnlichen Ergebnissen wie KRAUS. "Empirische Untersuchungen zeigen, daß die in der Praxis auftretenden Bedarfsverteilungen in den seltensten Fällen symmetrisch sind, sondern fast immer einen linksschiefen Verlauf aufweisen. Verteilungen von Artikeln mit niedrigen Bedarfsraten tendieren zu einer extrem linksschiefen Form, und das Maximum (Modalwert) der Häufigkeitsverteilung liegt links vom Mittelwert. Mit steigender Bedarfsrate verringert sich dann die Schiefe tendenziell, und der Modalwert strebt gegen den Mittelwert der Verteilung..." (MARKIEWICZ 1988, S. 60).

In Abb. 3.2-7 sind drei verschiedene Nachfragezeitreihen mit unterschiedlichen Bedarfsraten dargestellt. Entsprechend sind in Abb. 3.2-8 die zugehörigen empirischen Häufigkeitsverteilungen zusammengefaßt.

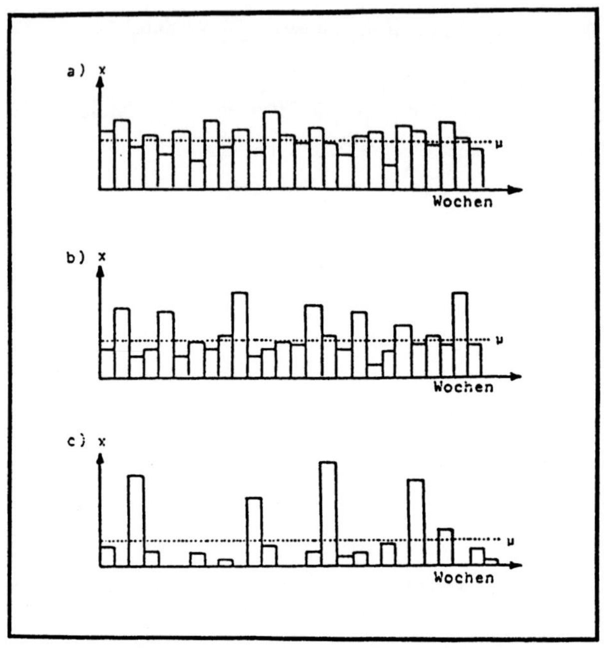

Abb. 3.2-7: Nachfragezeitreihen a), b), c) für unterschiedliche Bedarfsraten: Mittelwert der Periodenbedarfe x (Quelle: SPRING 1974, S. 17)

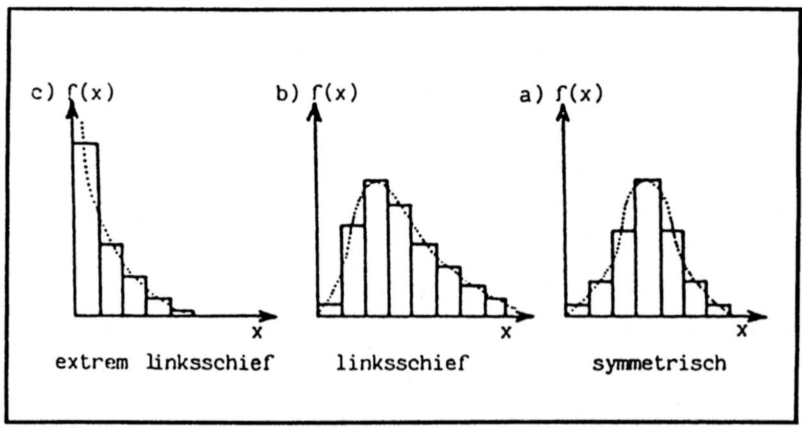

Abb. 3.2-8: Empirische Häufigkeitsverteilungen der Nachfragezeitreihen a), b), c) aus Abb. 3.2-8 (Quelle: SPRING 1974, S. 16)

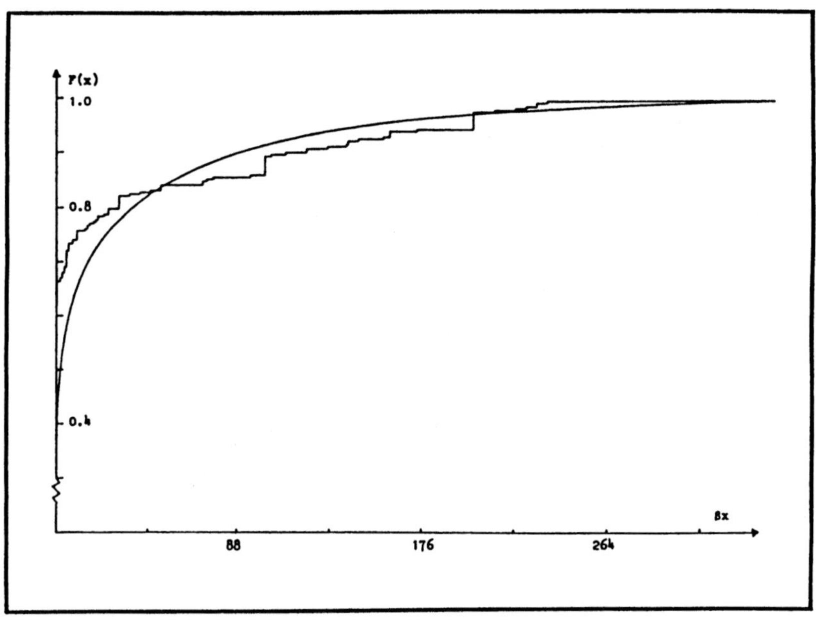

Abb. 3.2-9: Günstige Approximation von empirischen Lagerabgängen durch die Gammaverteilung (Quelle: JÖHNK, RUBOW, WETZEL 1967, S. 28)

JÖHNK, RUBOW und WETZEL (1967) betrachten in ihrer Arbeit die Tagesabgänge von 31 Lagerartikeln eines Ersatzteilelagers. Die Abb. 3.2.-9 und 3.2.-10 zeigen die Verteilungsfunktionen Abgänge zweier Artikel im Vergleich zu theoretischen Gammaverteilungen, und zwar einen Artikel, dessen Verteilung der Abgänge relativ gut durch die Gammaverteilung approximiert werden kann und einen zweiten Artikel, bei dem die Approximation relativ schlecht ist.

Man erkennt, daß jeweils eine große Abweichung der empirischen von der theoretischen Verteilung bei der Abgangsmenge Null zu finden ist.

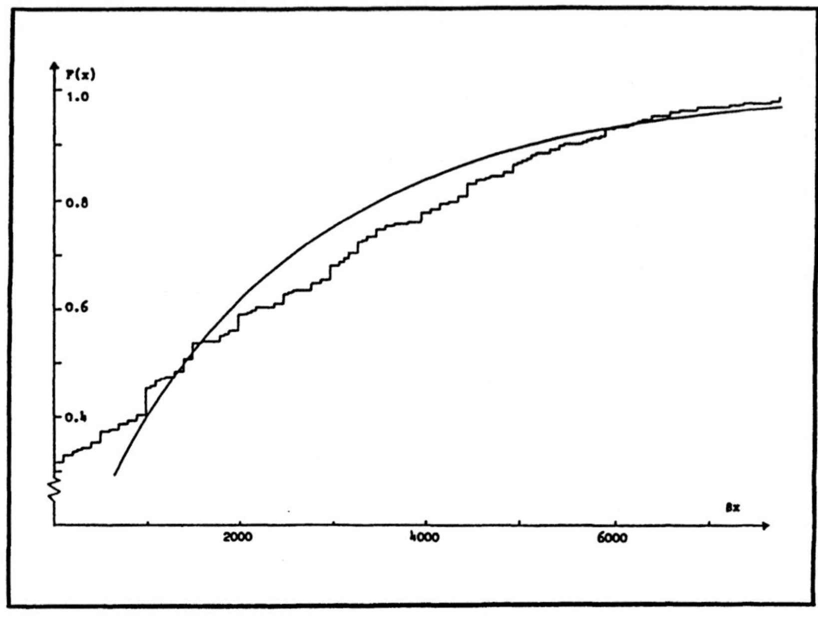

Abb. 3.2-10: Ungünstige Approximation von empirischen Lagerabgängen durch die Gammaverteilung
(Quelle: JÖHNK, RUBOW, WETZEL 1967, S. 27)

BROWN untersucht in seiner 1959 erschienenen Arbeit Lagerabgänge unterschiedlicher Produkte und stellt bei einigen (z.B. Ölfarbe) fest, daß sie saisonalen Schwankungen unterliegen. Er zeigt, daß sich mit Hilfe der exponentiellen Glättung Möglichkeiten ergeben, diesbezüglich mathematische Vorhersagen zu treffen.

Aufbauend auf BROWN betrachten HOLT, MODIGLIANI, MUTH, SIMON (1960) Nachfrageverhalten mit progressiven Trends und bieten Testverfahren an, um die notwendige Klassifizierung der Trends durchführen zu können. Ein wesentlicher Teil der Arbeit befaßt sich mit der Untersuchung der Anwendbarkeit mathematisch-statistischer Funktionen, wie der

- Normalverteilung,
- Lognormalverteilung,
- Poissonverteilung und der
- Gammaverteilung

zur Approximation realer Nachfrageverteilungen. Der Untersuchung liegen zunächst drei Produkte mit unterschiedlichen Lagerabgangsverhalten zugrunde (vgl. Abb. 3.2-11).

Aufgrund der Schiefe der Verteilungen sind sich die Autoren einig, daß sich die Normalverteilung kaum zur Approximation dieser Lagerabgänge eignet. Bezüglich der Anwendbarkeit der Lognormal- und der Poissonverteilung stellen sie fest (HOLT, MODIGLIANI, MUTH, SIMON 1960, S. 283) : "Histograms of the type shown in the lower two panels of Abb. 15-7 (Anm. d. Verfassers.: hier: Abb. 3.2.-11) might conceivable be approximated by the lognormal distribution. There are both general a priori considerations and reasons of mathematical convenience to recommend this particular type of distribution...", und weiter führen sie aus: (HOLT, MODIGLIANI, MUTH, SIMON 1960, S. 286) "Another simple distribution, which on both theoretical and empirical grounds might be expected to fit sales data well, is the Poisson. Since this distribution might prove especially useful for slow-moving items...".

In einem direkten Vergleich werden von ihnen die empirischen Lagerabgangsverteilungen von zwei weiteren Produkttypen mit niedrigem bzw. hohem Verbrauch hinsichtlich der Approximationsgüte zu verschieden theoretischen Verteilungen untersucht (vgl. Abb. 3.2-12).

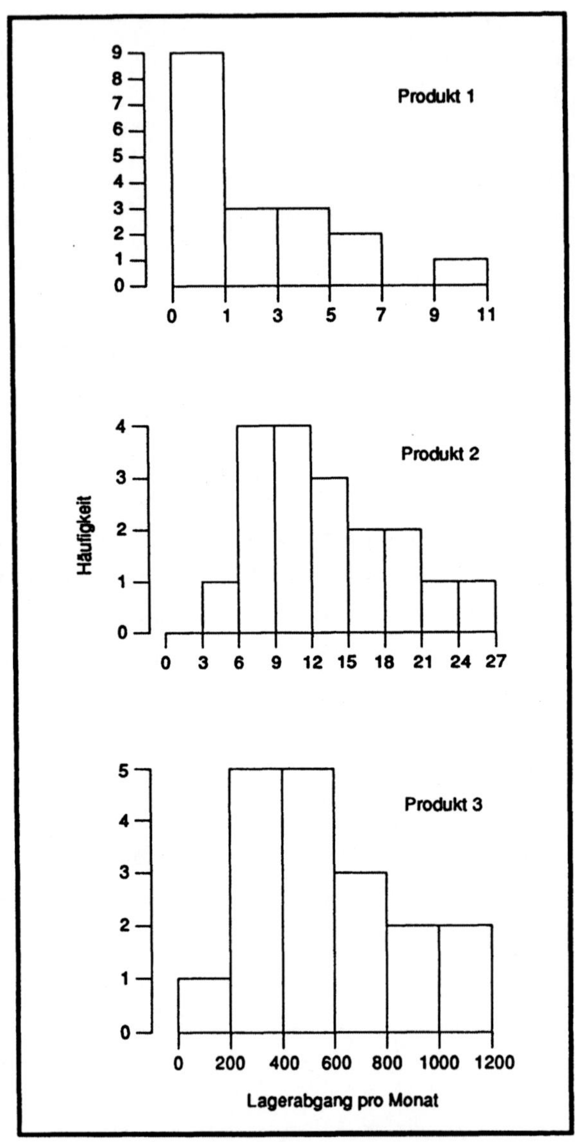

Abb. 3.2-11: Histogramm der Lagerabgänge dreier Produkte (in Anlehnung an HOLT, MODIGLIANI, MUTH, SIMON 1960, S. 282)

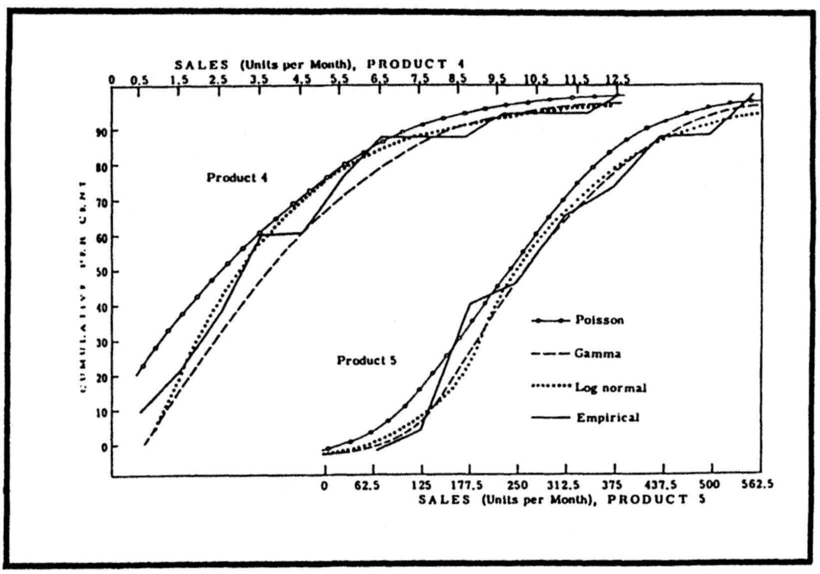

Abb. 3.2-12: Approximationsgüte von zwei empirischen Lagerabgangsverteilungen (Quelle: HOLT, MODIGLIANI, MUTH, SIMON 1960, S. 289)

Dabei erhalten sie prinzipiell für die aufgeführten Verteilungstypen akzeptable Ergebnisse, jedoch liefern die Gamma- und die Lognormalverteilung noch etwas bessere Ergebnisse als die Poissonverteilung.

Nach BUCHAN und KOENIGSBERG (1963, S. 8 - 12) beschreibt die Normalverteilung vielfach den Lagerabgang auf der Betriebsebene (factory level), die Poissonverteilung den im Verkauf (retail-level) und die negative Exponentialverteilung den im Großhandel (wholesale-level) und im Verkauf.

MARKIEWICZ kritisiert, daß in der Literatur bisher zwar eine ganze Reihe unterschiedlicher Wahrscheinlichkeitsverteilungen für die Lagerhaltungsdisposition herangezogen worden sind, den Charakteristika Schiefe und Wölbung aber bei der mathematischen Realisierung wenig Bedeutung beigemessen wurde. "In den meisten Veröffentlichungen und daraus resultierend in allen auf dem Markt angebotenen EDV-Programmen für die Lagerbewirtschaftung wird die Schiefe der Bedarfsverteilung als Null unterstellt und damit die Verteilung als symmetrisch angenommen" (MARKIEWICZ 1988, S. 61). Den Grund dafür sieht er in einer Veröffentlichung von NADDOR (1978), in welcher dieser behauptet, "... daß der Form der Verteilung eine wesentlich geringere Bedeutung beizumessen sei, als dem Mittelwert und der Standardabweichung" (MARKIEWICZ 1988, S. 61).

MARKIEWICZ verweist auf die Arbeiten von KOTTAS, LAU 1979, die behaupten, daß eine geeignete Dichtefunktion über mindestens vier Parameter verfügen müsse, um die vier Charakteristika Mittelwert, Varianz, Schiefe und Wölbung unabhängig voneinander anpassen zu können. Damit wird implizit unterstellt, daß Schiefe und Wölbung signifikante Auswirkungen auf die Lösung des Lagerhaltungsproblems haben.

3.3 Zusammenfassende Darstellung der betrachteten Verfahren

In den Abschnitten 3.1 und 3.2 wurde ein Überblick über die Entwicklung der mathematischen Methoden zur Berechnung notwendiger Grund- und Sicherheitsbestände gegeben. Dabei ist deutlich geworden, daß die Autoren schon sehr früh bemüht waren, die Schwankungen des Lagerabgangs und der Lieferzeit durch geeignete Wahrscheinlichkeitsverteilungen zu beschreiben, jedoch bestanden prinzipielle Differenzen in der Annahme der zugrundegelegten Verteilung.

Während BUCHAN und KOENIGSBERG oder TERSINE z.B. eine relativ wenig differenzierte Zuordnung der Verteilungen auf Großhandels-, Verkaufs- und Betriebsebene vornahmen, richtet sich bei KRAUS oder MARKIEWICZ die Wahl der Verteilung nach der Höhe des Lagerabgangs und dem Grad der Verbrauchsschwankungen (stark, gering, sporadisch). Prinzipiell scheint sich in der neueren Zeit eine differenziertere Betrachtung der jeweiligen Lagerhaltungsproblematik und damit auch eine differenziertere Zuordnung der entsprechenden Wahrscheinlichkeitsverteilung durchzusetzen (vgl. z.B RUTZ, KRAUS, MARKIEWICZ).

Auch finden die Begriffe "Schiefe" und "Wölbung" in der neueren Literatur zunehmend Beachtung, weil man erkannt hat, daß sie wesentlichen Einfluß auf eine stochastische Lösung des Lagerhaltungsproblems haben (vgl. z.B. MARKIEWICZ 1988, S. 58).

Mit Ausnahme weniger Ansätze, wie z.B. der "dynamischen Planung" von HUNZIKER haftet jedoch den meisten Modellen der Nachteil an, daß sie zu "statisch" sind, d.h. die mögliche Änderung der Lagerabgangsverteilungen zukünftiger Perioden keine Berücksichtigung findet.

Als weiterer Nachteil erweist sich auch, daß alle Modelle bei der Berechnung der Sicherheitsbestände weiterhin den arithmetischen Mittelwert zugrundelegen, wodurch "Schiefe" und "Wölbung" dann doch wieder unzureichend berücksichtigt werden.

Weiterhin muß festgestellt werden, daß bei allen betrachteten Modellen der verschiedensten Autoren die Frage nach der Berücksichtigung der tatsächliche Lagerabgangsverteilung entweder

- vernachlässigt oder aber
- gefordert wird,

ohne jedoch einen für die Praxis der täglichen Disposition gangbaren Weg aufzuzeigen. So wird zwar auf die in aller Regel asymmetrischen Verteilungstypen des Lagerabgangs hingewiesen, jedoch weiterhin z.B. der arithmetische Mittelwert zur Bestimmung des Periodenverbrauchs bzw. Grundbestands herangezogen. In Abbildung 3.3-1 sind die wichtigsten betrachteten Arbeiten hinsichtlich ihrer berücksichtigten Parameter zusammenfassend eingeordnet.

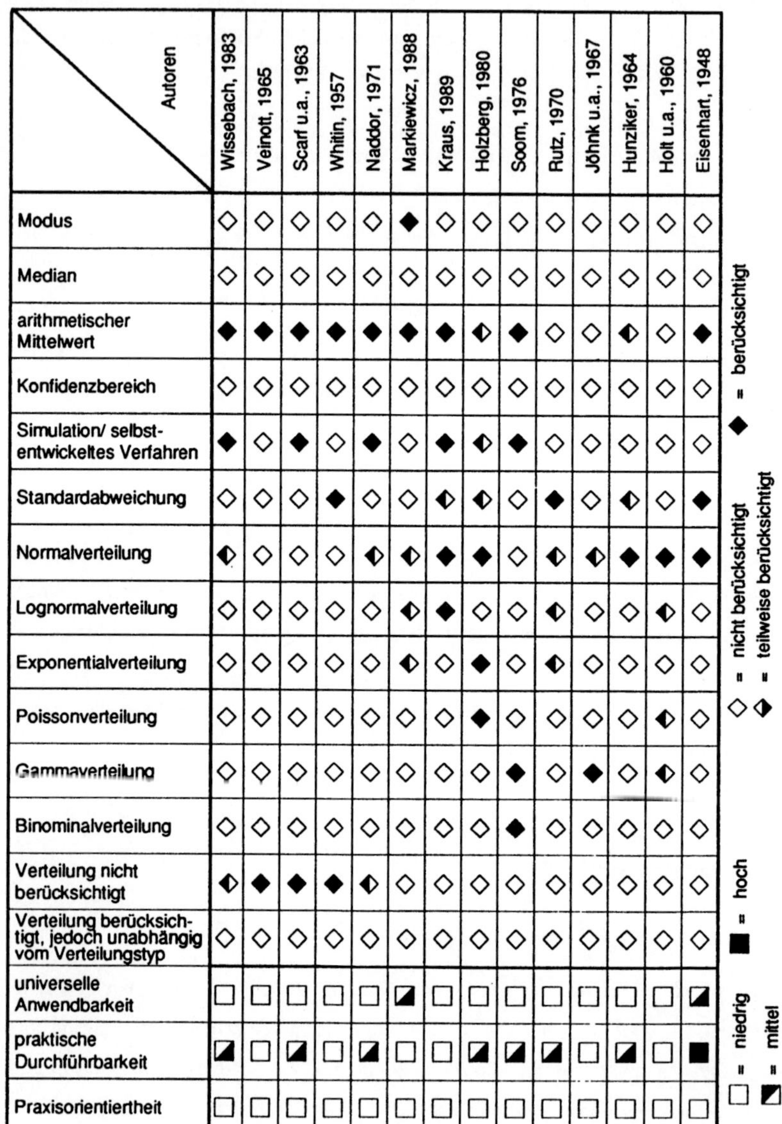

Autoren	Wissebach, 1983	Veinott, 1965	Scarf u.a., 1963	Whitin, 1957	Naddor, 1971	Markiewicz, 1988	Kraus, 1989	Holzberg, 1980	Soom, 1976	Rutz, 1970	Jöhnk u.a., 1967	Hunziker, 1964	Holt u.a., 1960	Eisenhart, 1948
Modus	◇	◇	◇	◇	◇	◆	◇	◇	◇	◇	◇	◇	◇	◇
Median	◇	◇	◇	◇	◇	◇	◇	◇	◇	◇	◇	◇	◇	◇
arithmetischer Mittelwert	◆	◆	◆	◆	◆	◆	◆	◐	◆	◇	◇	◐	◇	◆
Konfidenzbereich	◇	◇	◇	◇	◇	◇	◇	◇	◇	◇	◇	◇	◇	◇
Simulation/ selbstentwickeltes Verfahren	◆	◇	◆	◇	◆	◇	◆	◐	◆	◇	◇	◇	◇	◇
Standardabweichung	◇	◇	◇	◆	◇	◇	◐	◐	◇	◆	◇	◐	◇	◆
Normalverteilung	◐	◇	◇	◇	◐	◐	◆	◆	◇	◐	◐	◆	◆	◆
Lognormalverteilung	◇	◇	◇	◇	◇	◐	◆	◇	◇	◐	◇	◇	◐	◇
Exponentialverteilung	◇	◇	◇	◇	◇	◐	◇	◆	◇	◐	◇	◇	◇	◇
Poissonverteilung	◇	◇	◇	◇	◇	◇	◇	◆	◇	◇	◇	◇	◐	◇
Gammaverteilung	◇	◇	◇	◇	◇	◇	◇	◇	◆	◇	◆	◇	◐	◇
Binominalverteilung	◇	◇	◇	◇	◇	◇	◇	◇	◆	◇	◇	◇	◇	◇
Verteilung nicht berücksichtigt	◐	◆	◆	◆	◐	◇	◇	◇	◇	◇	◇	◇	◇	◇
Verteilung berücksichtigt, jedoch unabhängig vom Verteilungstyp	◇	◇	◇	◇	◇	◇	◇	◇	◇	◇	◇	◇	◇	◇
universelle Anwendbarkeit	□	□	□	□	□	◪	□	□	□	□	□	□	□	◪
praktische Durchführbarkeit	◪	□	◪	□	◪	□	□	◪	◪	◪	□	◪	□	■
Praxisorientiertheit	□	□	□	□	□	□	□	□	□	□	□	□	□	□

◆ = berücksichtigt
◇ = nicht berücksichtigt
◐ = teilweise berücksichtigt
□ = niedrig
◪ = mittel
■ = hoch

Abb. 3.3-1: Einordnung der wichtigsten betrachteten Arbeiten hinsichtlich ihrer berücksichtigten Parameter

Hier zeigt sich, daß bei der Mehrzahl der beschriebenen mathematischen Verfahren davon ausgegangen wurde, daß es sich bei produktionsbedingten Prozessen um normalverteilte Häufigkeitsverteilungen handelt. Diese Annahme rechtfertigt dann die Verwendung des arithmetischen Mittelwertes als Schätzer für den Erwartungswert der Verteilung. Wie von HARTUNG festgestellt wurde, liegt der Grund für die große Bedeutung der Normalverteilung in der Aussage des zentralen Grenzwertsatzes (vgl. HARTUNG 1987, S. 122):

"Der obige Satz wird oft als Rechtfertigung dafür angeführt, daß die beobachteten Zufallsvariablen als normalverteilt angenommen werden können, insbesondere dann, wenn sie aus dem (additiven) Zusammenwirken vieler Einzeleinflüsse resultieren".

Der zentrale Grenzwertsatz besagt jedoch, daß die Verteilungsfunktion von Z_n nur für einen sehr großen Stichprobenumfang n gegen die Standardnormalverteilung konvergiert (vgl. HARTUNG 1987, S. 121):

$$P(Z_n \leq z) \xrightarrow[n \to \infty]{} \Phi(z)$$

wobei Z_n die Standardisierung des Zufallsvariablen X_n ist:

$$Z_n = \sqrt{n}\, \frac{\overline{X}_n - \mu}{\sigma}$$

so daß unabhängig von n gilt:

$$E\,[Z_n] = 0 \quad und \quad Var\,[Z_n] = 1$$

Hieraus folgt jedoch, daß eine Verteilung von beobachteten Zufallsvariablen lediglich "apporximativ normalverteilt" ist, was besagt, daß diese unter Vergrößerung des Stichprobenumfangs (n⟶∞) gegen die Standardnormalverteilung konvergiert. Diese

Anforderung an die Höhe des Stichprobenumfangs ist in der praktischen Anwendung nur selten erfüllt, so daß es sich meist um andere Verteilungstypen handelt, sofern die realen Verteilungen überhaupt mit einer der bekannten theoretischen Verteilungen beschrieben werden können. Als Folge hiervon führt die stochastische Auswertung mit Hilfe des arithmetischen Mittelwertes dazu, daß der aus der Verwendung des zentralen Grenzwertsatzes resultierende Fehler zu groß wird.

Die Berechnungsmethode des Sicherheitsbestandes unter Berücksichtigung der realen Lagerabgangsverteilung bleibt weitestgehend unklar. Es werden zwar für einige wenige ausgewählte theoretische Verteilungen (z.B. die Lognormalverteilung) Formeln zur Berechnung des notwendigen Sicherheitsbestandes für eine Periode gegeben, ohne jedoch darauf einzugehen, wie in den folgenden Fällen zu verfahren ist:

a) Die tatsächliche Lagerabgangsverteilung kann durch keine theoretische Verteilung hinreichend approximiert werden.

b) Die Berechnung soll auf der Basis einer Datenverdichtung, die nicht genau einer Periode, die zudem noch identisch mit der Wiederbeschaffungszeit ist, entspricht, erfolgen.

Letzteres ist jedoch in den Unternehmen in der Regel der Fall. So ist es z.B. für die tägliche Praxis unzumutbar, für die verschiedenen Artikel, die ja im allgemeinen verschiedene Wiederbeschaffungszeiten besitzen, verschiedene Datenverdichtungen zu aggregieren.

In Abb. 3.3-2 ist das zu entwickelnde Verfahren in Beziehung zu den bestehenden Verfahren dargestellt. Dieser Ablauf zeigt auf, daß die Mehrzahl der mathematischen Verfahren zur Ermittlung der notwendigen Grund- und Sicherheitsbestände den betrieblichen Anforderungen zumeist nur unzureichend gerecht werden. Die Forderung nach einem praxisorientierten Verfahren zur Berechnung notwendiger Grund- und Sicherheitsbestände unter Berücksichtigung der tatsächlichen Lagerabgangsverteilung bleibt somit offen (vgl. Abb. 3.3-3).

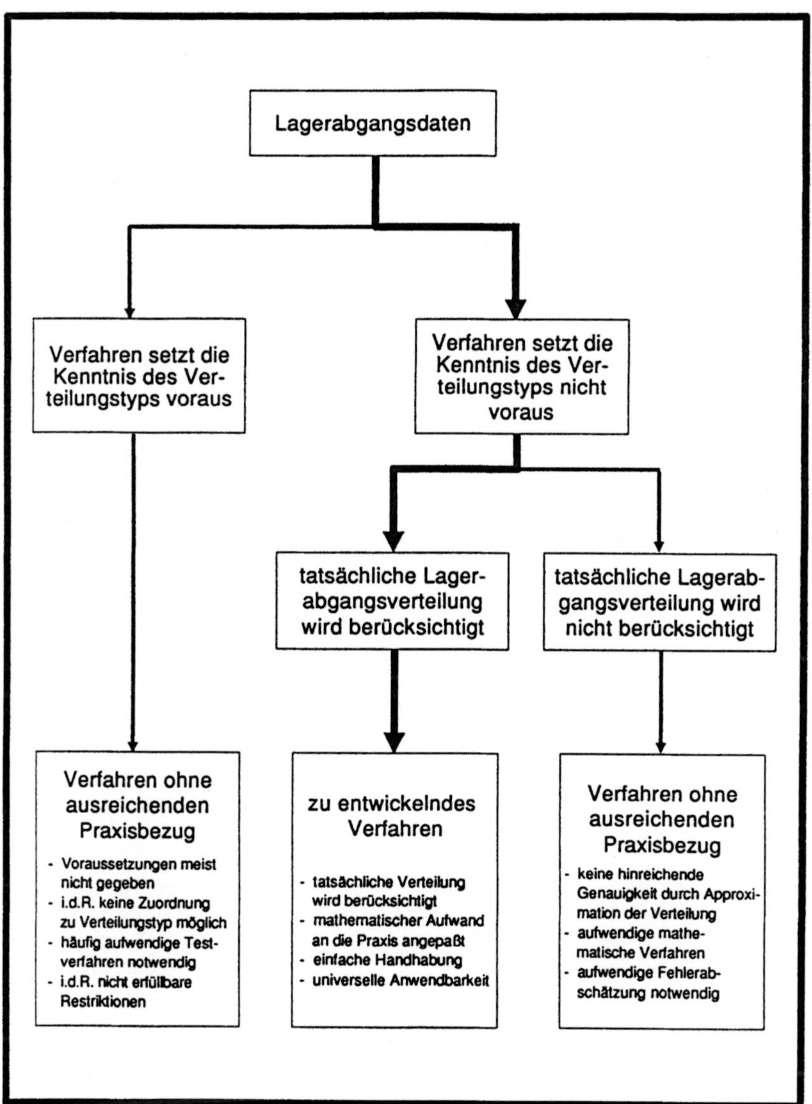

Abb. 3.3-2: Einordnung des zu entwickelnden Verfahrens innerhalb der bestehenden Verfahren

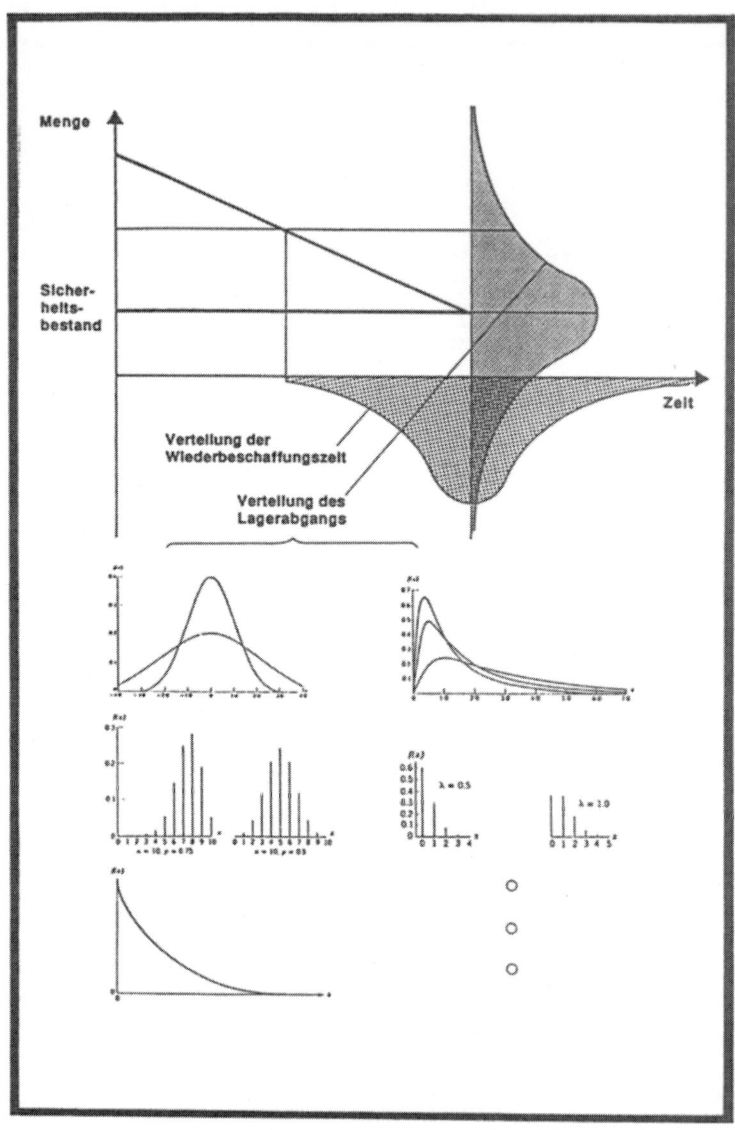

Abb. 3.3-3: Berücksichtigung der realen Lagerabgangsverteilung bei der Disposition

4. Entwicklung eines mathematischen Modells für die Ermittlung verteilungsabhängiger Grund- und Sicherheitsbestände

4.1 Grundlegende Betrachtungen

Wie WAGNER (1989, S. 34) treffend fordert, gilt es, den Zufall planbar zu machen. Ausgangspunkt ist hierbei die Lagerabgangsverteilung aus vergangenen Perioden. Der Lagerabgang, sei er sporadisch oder regelmäßig muß, um Fehlmengen zu vermeiden, durch den Lagerbestand bis zur nächsten Lieferung abgedeckt werden. Hierbei wird der zu erwartende ggf. regelmäßige, Lagerabgang vorwiegend durch den Grundbestand abgedeckt. Zusätzliche unplanmäßige Lagerabgänge müssen durch den Sicherheitsbestand so kompensiert werden, daß ein vorzugebender Lieferbereitschaftsgrad realisiert werden kann.

Wie in den vorangegangenen Kapiteln gezeigt wurde, muß ein Verfahren zur Berechnung solcher verteilungsabhängiger Grund- und Sicherheitsbestände einige wesentliche Merkmale aufweisen:

Eine der wesentlichsten Forderungen an das zu entwickelnde Verfahren ist die der praxisorientierten Anwendbarkeit. So muß das Verfahren mit minimalem Aufwand, was zum Beispiel die Verwendung der in den Unternehmen vorhandenen Datenstrukturen betrifft, einsetzbar sein sowie die Berechnung von Grund- und Sicherheitsbeständen ohne Festlegung auf einen exakten Verteilungstyp durchführen. Das heißt, das zu entwickelnde mathematische Verfahren muß zu seiner Durchführbarkeit keine bzw. nur geringe Voraussetzungen über die Verteilungsfunktion oder ihren Typ in der Grundgesamtheit erfüllen. Solche mathematischen Prüfverfahren sind unter dem Begriff nichtparametrische Verfahren oder auch verteilungsunabhängige Verfahren bekannt. Sie alle sind von der Annahme, daß die Grundgesamtheit normalverteilt ist, unabhängig. Im Gegensatz hierzu nennt man Prüfverfahren parametrisch oder verteilungsabhängig, wenn ihre Annahmen vom Verteilungstyp abhängen.

Es soll in geeigneter Weise die Asymmetrie einer Verteilung berücksichtigen, so daß z.B. ein robusteres Verhalten gegenüber Ausreißerwerten, als es bei der alleinigen Berücksichtigung des arithmetischen Mittelwertes der Fall ist, erreicht wird. Unter der Annahme, daß in einer Stichprobe Ausreißer vorhanden sind, können viele Schätzfunktionen, wie der eben erwähnte arithmetische Mittelwert, unbefriedigende Werte liefern, sofern diese Ausreißer nicht vorher entfernt werden. Da in der Praxis nicht immer eine schnelle und sichere Identifizierung von Ausreißern möglich ist, betrachtet man robuste Schätzfunktionen, die von Ausreißern gar nicht oder wenigstens nur in geringem Maße beeinflußt werden. Eine solche Schätzfunktion ist der sogenannte Median.

Weiterhin muß das Verfahren die Möglichkeit bieten, durch Vorgabe eines geforderten Lieferbereitschaftsgrades unter Berücksichtigung der artikelspezifischen Wiederbeschaffungszeit den notwendigen Grund- und Sicherheitsbestand zu berechnen.

4.2 Aufbau eines mathematischen Modells zur Berechnung des notwendigen Grund- und Sicherheitsbestandes

4.2.1 Berechnung des Grund- und Sicherheitsbestandes mit Hilfe von parametrischen Methoden

4.2.1.1 Vorgehensweise zur Ermittlung des notwendigen Grundbestandes

Betrachtet man die zugrundeliegende Fragestellung, so ist für jeden zu berücksichtigenden Artikel die Menge gesucht, die ein Unternehmen lagern muß, um für einen definierten Zeitraum (z.B. die Wiederbeschaffungszeit) den zu erwartenden Lagerabgang befriedigen zu können. In diesem Zusammenhang ist der Grundbestand ein Maß für den mittleren Lagerabgang einer Periode.

Aus Sicht der Statistik ist der Grundbestand eine stochastische Zufallsvariable einer diskreten oder stetigen Verteilung und wird mit Hilfe des Erwartungswertes bestimmt, so daß es notwendig wird, die zu erwartende Lagerabgangsverteilung zu bestimmen.

Zur Approximation von empirischen Verteilungen und zur Vereinfachung der Ermittlung des Erwartungswertes wendet man in der Praxis häufig die verschiedenen Grenzwertsätze an. Zu ihnen zählen als die bekanntesten der "Zentrale Grenzwertsatz" von de Moivre-Laplace (vgl. CHUNG 1978, S. 234 ff.; FELLER 1968, S. 244 ff.), auf den ausführlich bereits in Abschnitt 3.3 eingegangen wurde, sowie der "Poisson'sche Grenzwertsatz" (vgl. FELLER 1968, S. 153 ff.), der wie folgt lautet:

Sei X_n $B(n,p_n)$-verteilt und gilt:

$$n * p_n \xrightarrow[n\to\infty]{} \lambda > 0, \text{ so gilt:}$$

$$P(x) \xrightarrow[n\to\infty]{} \frac{\lambda^x}{x!} e^{-\lambda} .$$

Somit kann nach obiger Gleichung die Wahrscheinlichkeit der Binominalverteilung durch die Wahrscheinlichkeit der Poissonverteilung ersetzt werden. Für eine umfassende Erläuterung der verwendeten Formelzeichen sei auf den Anhang 8.1 verwiesen.

Bei diesen Grenzwertbetrachtungen ist eine Analyse des begangenen Fehlers in der Regel jedoch unerläßlich, da dieser Fehler einen entscheidenden Einfluß auf die Qualität des hierauf aufbauenden Verfahrens darstellt. In dem vorliegenden Fall können solche Abweichungen zur Folge haben, daß u.U. das gesamte angestrebte Ergebnis in Frage gestellt werden kann. Als Beispiel sei auf die oben genannten Grenzwertsätze mit ihrer Anwendung auf die Binominalverteilung verwiesen, für die sie bekanntlich beide sehr gut geeignet sind (vgl. FELLER 1968, S. 153 ff. und 179 ff.). Die Beantwortung der Frage, welche der hierbei durchgeführten Approximationen unter welchen Bedingungen besser ist als die andere, läßt sich bei

PROKKOROV (1953, S. 140) zumindest als Faustregel finden. Jedoch gilt dieses Verfahren in der Regel als sehr aufwendig.

So lassen sich bezüglich der Approximationsgüte der aufgeführten Grenzwertsätze für andere theoretische Verteilungen in der Literatur keine allgemeingültigen Sätze finden. Das liegt darin begründet, daß in der Statistik solche Approximationen im Rahmen von Testverfahren durchgeführt werden, bei denen durch die Vorgabe eines Signifikanzniveaus die Güte des Tests beeinflußt werden kann (vgl. SACHS 1984, S. 100 ff.). So sollte auch bei der Verwendung des "Zentralen Grenzwertsatzes", d. h. bei der Approximation einer gegebenen, z.B. empirischen, Verteilung durch die Normalverteilung der Approximationsfehler betrachtet werden. Dies um so mehr, als der Definitionsbereich der Normalverteilung die gesamte reelle Zahlenachse (vgl. BAUER 1978, S. 141), also auch die negativen Zahlen, umfaßt. In der betrieblichen Praxis kommen jedoch Werte, die kleiner als Null sind, für die betrachtete Fragestellung nicht vor. Da negative Mengen oder z.B. negative Durchlaufzeiten nicht auftreten können, verstärkt sich die Frage nach der Approximationsgüte noch mehr. Besser wäre es daher, mit Hilfe entsprechender Verteilungstests eine Stichprobe hinsichtlich ihrer zugrundeliegenden Verteilung zu analysieren.

Eine Untersuchung des Lagerabgangsverhaltens von 101 zufällig ausgewählten Ersatzteilen eines Automobilunternehmens ergab mit Hilfe des χ^2-Anpassungstestes die in Abb. 4.2.1.1-1 dargestellte Zuordnung der Artikel zu den verschiedenen Verteilungen. Auffällig ist hierbei, daß bei lediglich vier der betrachteten Artikel der Test eine Normalverteilung bestätigte.

Bei weiteren Untersuchungen zeigte es sich mit Hilfe des χ^2-Anpassungstests (vgl. SACHS 1984, S. 251 ff.), daß 75% der in der Analyse auf Verteilungen getesteten Artikeldaten keinem theoretischen Verteilungstyp eindeutig zugeordnet werden konnten. Lediglich bei 25% der untersuchten Artikel wurde dagegen eine poisson-, normal-, exponential-, oder lognormalverteilte Lagerabgangsverteilung durch den Test bestätigt. Abb. 4.2.1.1-2 stellt exemplarisch zwei tatsächliche Lagerabgangsverteilungen dar, bei denen keine eindeutige Zuordnung zu einem der genannten theoretischen Verteilungstypen erfolgen konnte.

Multimodal	Poisson	Normal	Exponential	Log.-Normal	Beta	Sonstige
A0011738	W0001323	A0001164	A0001654	W0007188	W0006240	S0001323
S0016147	A0014247	A0001184	A0002385	A0012810	S0016348	A0003292
A0027203	W0016348	A0008901	A0003131	A0016948	A0023029	S0006201
A0029463	S0016421	A0040234	W0006303	A0017432	W0026663	W0006201
A0032300	W0016907		A0011735	A0019143	A0039509	S0006240
A0048425	S0032307		W0015413	A0023132	A0042592	S0006303
A0058044	S0032336		W0016147	A0023355	A0051965	S0007188
A0108660	W0032336		W0016421	W0024712	S0084778	S0015413
A0110551	W0032648		W0016946	A0032294	A0084812	A0015863
	W0038964		A0017691	A0032320	S0090137	S0016907
	W0039010		A0026497	A0040224		S0016946
	A0040233		A0031497	A0047036		S0024712
	A0040321		A0040656	A0047414		S0026663
	S0044594		A0043560	A0048434		A0029483
	A0051984		A0050341	A0050124		A0030538
	A0053979		A0051842	A0055775		W0032307
	W0084778		A0055827	A0088699		S0032648
	A0088515		A0058060	A0090129		S0038964
	S0101294		A0059061	W0092787		S0039010
	A0108518		A0065762	W0101294		W0044594
	A0108557		A0069438	W0109114		S0049512
	A0108626		A0075863	A0109214		W0049512
	S0108660		W0090137	A0110805		A0055795
	W0108795		S0091510			S0084906
			W0091510			W0084906
			A0095753			S0090138
			A0100309			W0090138
			S0108795			S0092787
			S0109114			S0101296
			S0109873			W0101296
			W0109873			A0101316

Abb. 4.2.1.1-1: Zuordnung von 101 Ersatzteilartikeln zu den verschiedenen Verteilungstypen

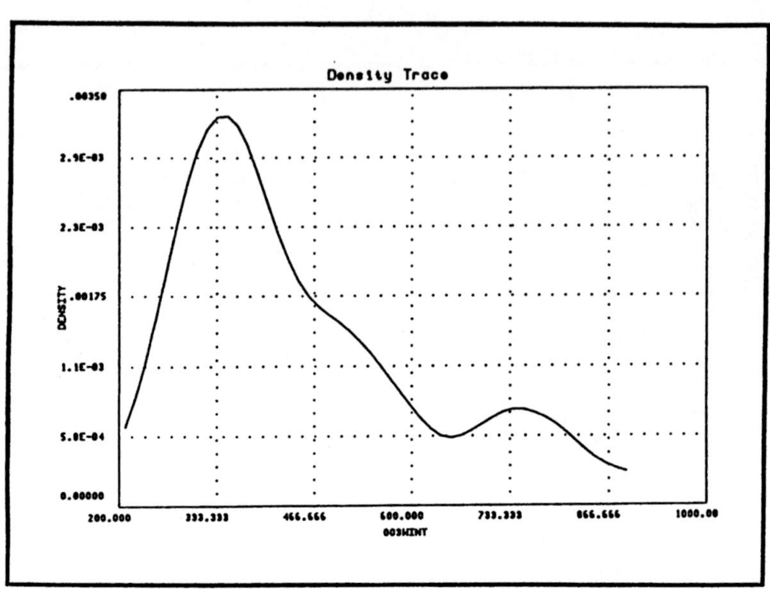

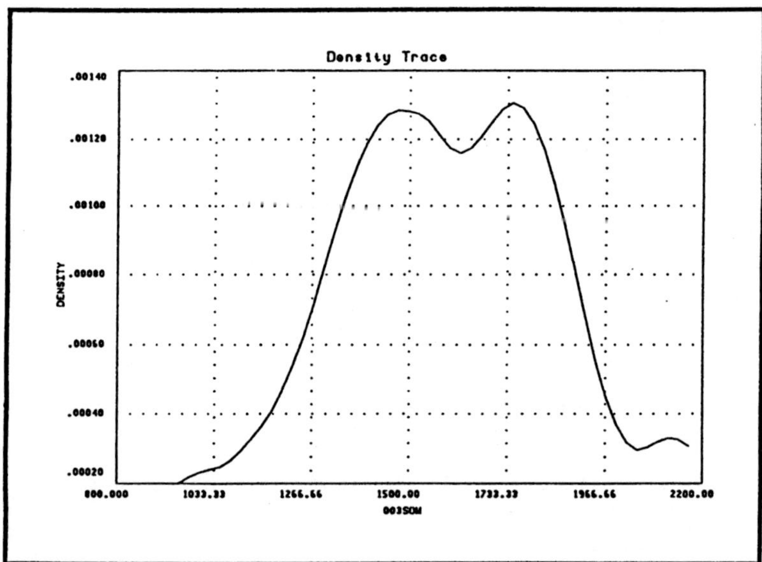

<u>Abb. 4.2.1.1-2:</u> Empirische Lagerabgangsverteilungen

Die Verwendung des "Zentralen Grenzwertsatzes" zur in der Praxis häufig angewendeten Legitimation der Annahme einer Normalverteilung erscheint daher nicht gerechtfertigt.

In vielen Arbeiten ist dies aber der Fall, um in der Regel die einfachen Verfahren bzw. Tabellen bei zugrundeliegender Normalverteilung nutzen zu können. Es bleibt dann jedoch die Frage offen, ob der durch die Approximation begangene Fehler nicht vielleicht so groß sein könnte, daß die angestrebten Ergebnisse, die häufig eine Optimierung beinhalten, hinfällig werden.

Es erscheint unter den angeführten Gesichtspunkten daher sinnvoll, wenn man auch hier nicht allgemein den arithmetischen Mittelwert $\bar{x}$ für die Schätzung des Erwartungswertes der zugrundeliegenden Verteilung verwendet, sondern einen für den zu betrachtenden Parameter ggf. geeigneteren. Voraussetzung hierfür wäre, daß die Verteilung der Stichprobe durch ein entsprechendes Test-Verfahren festgestellt wird.

Zu den bekanntesten Verteilungstests zählen der χ^2-Anpassungstest und der Kolmogoroff-Smirnoff-Test (FISZ 1976, S. 506 ff.). Der χ^2-Anpassungstest untersucht, ob eine beobachtete Stichprobe durch eine bestimmte theoretische Verteilung anzunähern ist. Er hat jedoch den Nachteil, daß keine Angaben über die entsprechenden Parameter der Verteilung gemacht werden. Günstiger ist hier der Kolmogoroff-Smirnoff-Test, der jedoch nur bei stetigen Verteilungen zu empfehlen ist (vgl. BAMBERG/-BAUR 1985, S. 184). Bei "kleinen" Stichprobenumfängen ist der verteilungsfreie Kolmogoroff-Smirnoff-Test anzuwenden, da dieser eher Abweichungen von der Normalverteilung erkennt (vgl. BAMBERG/BAUR 1985, S. 184).

Nach der Ermittlung der Verteilung könnte dann mit Hilfe von geeigneten Schätzern für die jeweiligen verteilungsspezifischen Erwartungswerte der notwendige Grundbestand besser berechnet werden, als ausschließlich mit Hilfe des arithmetischen Mittelwertes $\bar{x}$. In Abb. 4.2.1.1-3 sind für einige häufig auftretende Verteilungen die Schätzer für Erwartungswerte aufgezeigt.

Name der Verteilung	Bild der Verteilung	Parameter	Dichte
Normal	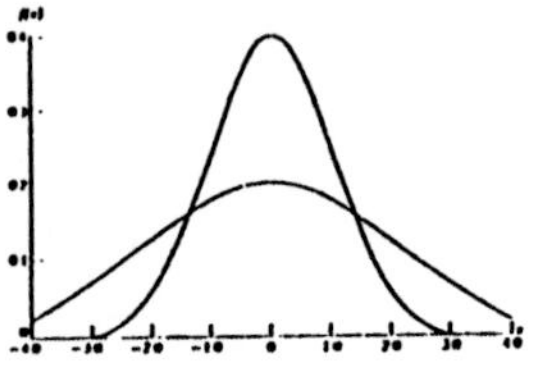	$-\infty < \mu < \infty$, $\sigma > 0$	$f(x)=1/(\sigma(2\pi)^{½}) \cdot e^{-(x-\mu)^2/2\sigma^2}$, $-\infty < x < \infty$
Exponential	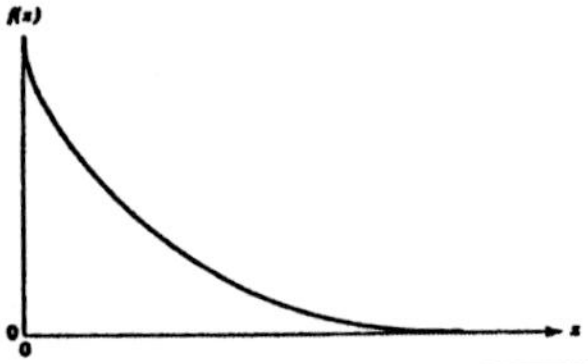	$\lambda > 0$	$f(x)=\begin{cases} \lambda e^{\lambda x} & ,x \geq 0 \\ 0 & \text{elsewhere} \end{cases}$
Log-Normal	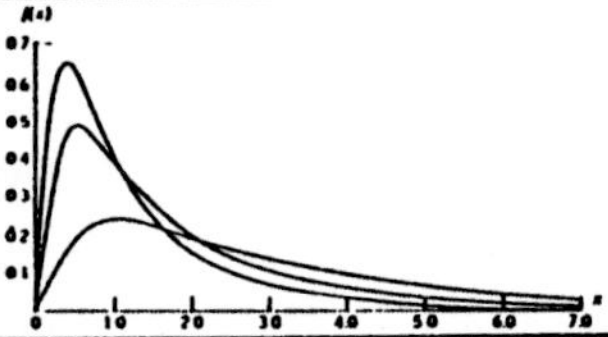	$-\infty < \mu < \infty$; $\sigma > 0$	$f(x)=1/(\sigma x(2\pi)^{½}) \cdot \exp[-1/(2\sigma^2) \cdot (\log x-\mu)^2]$, $x \geq 0$
Binomial	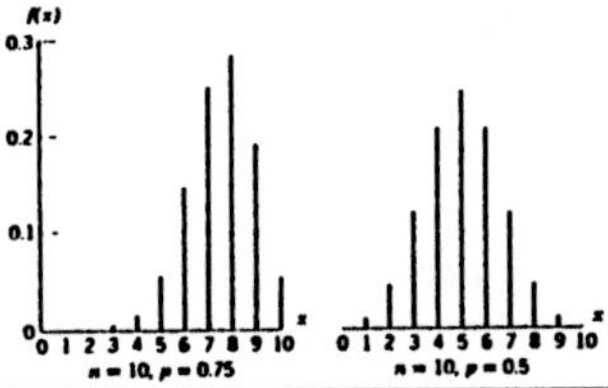	$0 \leq p \leq 1$	$\binom{n}{x} p^x (1-p)^{n-x}$
Poisson	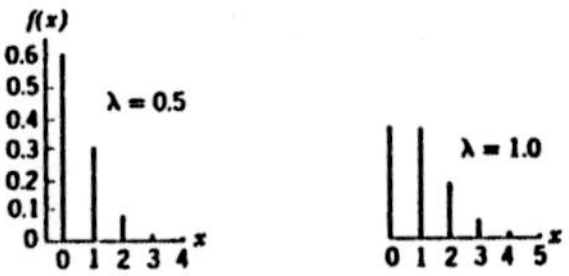	$\lambda > 0$	$\lambda^x e^{-\lambda} / (x!)$, $x=0,1,2,...$

Abb. 4.2.1.1-3: Erwartungswerte für einige häufig auftretende Verteilungen

4.2.1.2 Vorgehensweise zur Ermittlung des notwendigen Sicherheitsbestandes

Die Berechnung der entsprechenden Sicherheitsbestände kann dann ebenfalls unter Berücksichtigung der analysierten Verteilung erfolgen, sofern sie sich durch eine der theoretischen Verteilungen angleichen läßt. Der jeweilige Sicherheitsbestand wird dann mit Hilfe der Varianz oder des Konfidenzbereiches ermittelt.

Eine einfache Möglichkeit für die Berechnung von Sicherheitsbeständen wird durch die sogenannte 2 σ- bzw. 3 σ-Regel gegeben. (vgl. Abb. 4.2.1.2-1). Dies ist eine Vereinfachung der Berechnung von Konfidenzbereichen für den arithmetischen Mittelwert $\bar{x}$ der Normalverteilung bei bekannter Standardabweichung σ.

Vertrauensbereich für den Mittelwert μ einer normalverteilten Grundgesamtheit (σ bekannt)	Sicherheitswahrscheinlichkeit oder statistische Sicherheit S	Irrtumswahrscheinlichkeit α
$\bar{x} \pm 2\frac{\sigma}{\sqrt{n}}$	95,44 % = 0,9544	4,56 % = 0,0456
$\bar{x} \pm 3\frac{\sigma}{\sqrt{n}}$	99,73 % = 0,9973	0,27 % = 0,0027
$\bar{x} \pm 1{,}645\frac{\sigma}{\sqrt{n}}$	90 % = 0,9	10 % = 0,10
$\bar{x} \pm 1{,}960\frac{\sigma}{\sqrt{n}}$	95 % = 0,95	5 % = 0,05
$\bar{x} \pm 2{,}576\frac{\sigma}{\sqrt{n}}$	99 % = 0,99	1 % = 0,01
$\bar{x} \pm 3{,}2905\frac{\sigma}{\sqrt{n}}$	99,9 % = 0,999	0,1 % = 0,001
$\bar{x} \pm 3{,}8906\frac{\sigma}{\sqrt{n}}$	99,99 % = 0,9999	0,01 % = 0,0001

Abb. 4.2.1.2-1: Kenngrößen für zweiseitige Konfidenzbereiche für den Mittelwert μ der Normalverteilung bei bekannter Varianz σ^2 (Quelle: SACHS 1984, S. 91)

In der Statistik wurde für die Herleitung solcher sogenannter Punktschätzer verschiedene Verfahren, wie z.B. die Momentenmethode (vgl. KREYSZIG 1982, S. 167 f.), die Maximum-Likelihood-Methode (vgl. KREYSZIG 1982, S. 177 f.; GIRI 1977, S. 72 ff.) sowie die "Methode der kleinsten Quadrate" hergeleitet.

Man bedient sich des Maximum-Likelihood-Prinzips, um unbekannte Parameter v einer gemeinsamen Verteilung der Stichprobenvariablen $x_1, ..., x_n$ zu schätzen. Bei diesem Verfahren wählt man zum Stichprobenergebnis $(x_1, ... x_n)$ denjenigen Wert $\hat{v}$ als Schätzer für v, unter dem die Wahrscheinlichkeit für das Eintreten dieses Ergebnisses am größten ist. Die so konstruierte Schätzfunktion $\hat{\Theta} = g(x_1, ..., x_n)$ heißt Maximum-Likelihood-Schätzfunktion. Dies stellt die universellste Methode zur optimalen Schätzung anerkannter Parameter (z.B. $\bar{x}$) dar. Von Nachteil ist jedoch, daß sie nur anwendbar ist, falls der Typ der Verteilungsfunktion bekannt ist. Neben dieser Methode zur Konstruktion von Punktschätzern für Parameter ist noch die wichtige "Methode der kleinsten Quadrate" zu erwähnen. Im Gegensatz zur Maximum-Likelihood-Methode ist diese jedoch nur anwendbar, falls der Verteilungstyp der Grundgesamtheit nicht bekannt ist (vgl. STORM 1988, S. 139; SACHS 1984, S. 56). All diese Methoden gehören zur Klasse der parametrischen bzw. verteilungsabhängigen Verfahren. Weiterführend wurden u.a. sogenannte erwartungstreue bzw. unverfälschte und konsistente Schätzer definiert (vgl. KRICKEBERG, ZIEZOLD 1977, S. 85 f., UHLMANN 1982, S. 62 ff.).

Ziel dieser Methoden ist stets das Bemühen um Minimierung von Fehlern, mit denen der Schätzer behaftet ist. So ergeben sich z.B. als Maximum-Likelihood-Schätzfunktionen für die Parameter einer N(μ, σ) Verteilung folgende Ergebnisse:

$$\bar{x} = \frac{1}{n} \sum_{i=1}^{n} x_i$$

als Schätzer für μ und

$$\underline{s}^2 = \frac{1}{n} \sum_{i=1}^{n} (x_i - \overline{x})^2$$

als Schätzer für σ^2. Dieser Schätzer ist nicht erwartungstreu, aber dennoch von praktischem Nutzen (vgl. KREYSZIG 1982, S. 181; BAMBERG/BAUR 1989, S. 155).

Dagegen ist

$$s^2 = \frac{1}{n-1} \sum_{i=1}^{n} (x_i - \overline{x})^2$$

ein erwartungstreuer Schätzer für σ^2.

Es wird somit deutlich, daß bei der Verwendung der verschiedenen Schätzer für die betrachteten Parameter der zugrundeliegenden Verteilung i.a. die Güte der Näherung betrachtet werden muß. Der Punktschätzung sollte also immer eine sogenannte Bereichsschätzung folgen (vgl. Anhang 8.1). Diese wird in der Praxis jedoch meist unter Annahme der Normalverteilung durchgeführt.

Besser wäre die Verwendung der für die jeweilige Verteilung exakten Formeln für die Berechnung der Konfidenzbereiche des Erwartungswertes, die im Anhang 8.1 näher erläutert werden. Für einige ausgewählte Verteilungen sind in Abb. 4.2.1.2-2 die Varianzen und Formeln für die Berechnung der entsprechenden Konfidenzbereiche der Erwartungswerte angegeben. Für eine nähere Erläuterung der Bezeichnungen sei auf die in der Bildunterschrift angegebene Literatur verwiesen (vgl. hierzu auch Autorenkollektiv 1972, S. 105).

Es wäre also möglich, exakte Konfidenzbereiche für den Erwartungswert der verschiedensten theoretischen Verteilungen zu berechnen.

Name der Verteilung	Bild der Verteilung	Parameter	Varianz	Formel für den Konfidenzbereich
Normal		$-\infty < \mu < \infty$, $\sigma > 0$	σ^2	$x \pm ts/\ n$
Exponential		$\lambda > 0$	$1/\lambda^2$	$(1 \pm 1{,}96/n^{1/2})/\bar{x}$
Log-Normal		$-\infty < \mu < \infty$; $\sigma > 0$	$e^{2\mu+\sigma^2} \cdot (e^{\sigma^2} - 1)$	$[x_{(lgxj)} \pm t_{n-1;0.05} \cdot s_{(lgxj)} / n^{1/2}$
Binomial		$0 \leq p \leq 1$	$np(1-p)$	$(p-1/(2n))-1{,}96 \cdot (p(1-p)/n)^{1/2} \leq \pi \leq (p+1/(2n))+1{,}96 \cdot (p(1-p)/n)^{1/2}$
Poisson		$\lambda > 0$	λ	$\frac{1}{2} \chi^2_{0,95;2x} \leq \lambda \leq \frac{1}{2} \chi^2_{0,05;2(x+1)}$

Abb. 4.2.1.2-2: Varianzen und Formeln für die Konfidenzbereiche der Erwartungswerte für spezielle Verteilungen (Quelle: HAHN, SHAPIRO 1967; SACHS 1984)

Hiermit ist jedoch bezüglich der Berechnung notwendiger Grund- und Sicherheitsbestände das Ziel dieser Arbeit noch nicht ausreichend erreicht, denn:

1) Es läßt sich, wie in Abb. 4.2.1.1-1 beispielhaft verdeutlicht, nicht jede empirische Lagerabgangsverteilung durch eine theoretische Verteilung mit ausreichender Genauigkeit approximieren, so daß die Frage offenbleibt, wie man für diese die Grund- und Sicherheitsbestände berechnen soll.

2) Der Aufwand für

   - die Analyse der tatsächlichen Lagerabgangsverteilungen,
   - den Test auf eine theoretische Verteilung,
   - die verteilungsspezifische Berechnung des Erwartungswertes,
   - die Berechnung der spezifischen Konfidenzbereiche und
   - die für die Analysen notwendige Datenstruktur

   wäre in der betrieblichen Praxis unzumutbar.

Es muß also ein mathematisches Verfahren entwickelt werden, welches in der Lage ist, die Berechnung von Grund- und Sicherheitsbeständen ohne Festlegung auf einen exakten Verteilungstyp durchzuführen. Der hierfür erforderliche Aufwand sollte eine hohe Akzeptanz in der betrieblichen Praxis gewährleisten.

4.2.2 Berechnung von Grund- und Sicherheitsbeständen mit Hilfe von nichtparametrischen Methoden

4.2.2.1 Vorgehensweise zur Ermittlung des notwendigen Grundbestandes

Wie in Abschnitt 4.2.1 aufgezeigt wurde, wird der Grundbestand mit Hilfe des Erwartungswertes ermittelt. Ein geeigneter Schätzer für den Erwartungswert ist aber nur in Ausnahmefällen (bei symmetrischen Verteilungen) durch den häufig verwendeten arithmetischen Mittelwert gegeben.

Günstiger ist hier der Median einer Verteilung, der bei zunehmender Symmetrie mit dem arithmetischen Mittelwert identisch ist. Die Vorteile des Medians gegenüber dem arithmetischen Mittelwert wurden in Abschnitt 4.1 schon ausführlich diskutiert. Allgemein kommt ZÖFEL (1985, S. 45) zu dem Schluß, daß der Median bei asymmetrischen Verteilungen den arithmetischen Mittelwert ersetzt.

Die Vorteile des Medians gegenüber dem arithmetischen Mittelwert als Lageparameter sind im folgenden aufgeführt:

- Der Median ist angebracht bei geringem Stichprobenumfang sowie bei asymmetrischen Verteilungen (vgl. SACHS 1984, S. 74).

- Der Median ist invariant gegenüber monotonen Transformationen, nicht jedoch der arithmetische Mittelwert (vgl. PFANZAGL 1960, S. 30).

- Bei Vorliegen einer topologischen Skala ist der Median dem arithmetischen Mittelwert vorzuziehen (vgl. PFANZAGL 1960, S. 30).

- Bei kleinen Meßreihen läßt sich der Median sehr einfach und schnell (empirisch) ablesen. Aus diesem Grund wird er häufig (z.B. in der Kontrollkartentechnik) dem arithmetischen Mittelwert vorgezogen (vgl. STORM 1988, S. 96).

- Der Median ist unempfindlicher gegenüber Ausreißern in den Daten als der arithmetische Mittelwert. Dies läßt sich wie folgt erklären:

  Der empirische Median hängt nach Definitionen ausschließlich von den mittlersten bzw. von den beiden mittlersten Werten einer Stichprobe ab. Die übrigen Werte der Stichprobe kann man deshalb beliebig variieren, ohne dadurch den Median x_m zu beeinflussen, während sich der arithmetische Mittelwert $\bar{x}$ wesentlich verändern kann (vgl. STORM 1988, S. 90).

Um Aussagen über die Robustheit obiger Schätzer machen zu können, bietet sich als globale Kenngröße der Bruchpunkt (breakdown point) an. HARTUNG schreibt hierzu (vgl. HARTUNG 1987, S. 864): "Der Bruchpunkt ε^* gibt diejenige Grenze an, bis zu welcher der Anteil von Ausreißern in einer Stichprobe steigen darf, ohne daß sich der Schätzwert dadurch unbeschränkt verändern kann". Bei dem Median ist für ε^* der maximal erreichbare Wert $\varepsilon^* = 0{,}5$, d.h. daß mindestens 50% aller Werte erheblich von der Mitte abweichen müssen, damit der Median sich verändert. Hingegen reicht es beim arithmetischen Mittelwert schon aus, einen einzigen Wert in einer Stichprobe zu verändern, damit der Schätzwert über alle Grenzen wächst. Somit ergibt sich als Bruchpunkt für den arithmetischen Mittelwert $\varepsilon^* = 0$.

Aus den oben genannten Gründen stellt der Median, vor allem im technischen Bereich, somit eine wichtige Kenngröße in der robusten Statistik dar. Er hat im Rahmen der explorativen Datenanalyse eine herausragende Bedeutung als Schätzung für das Zentrum der Daten $x_1, ..., x_n$ erlangt und tritt an die Stelle des sonst gebräuchlichen Lagemaßes, nämlich des arithmetischen Mittelwertes x (vgl. HARTUNG 1987, S. 827).

Somit ergibt sich, daß die Berechnung notwendiger Grundbestände mit Hilfe des Medians erfolgen sollte. Dadurch wird außerdem eine weitgehende Unabhängigkeit von der zugrundeliegenden Lagerabgangsverteilung dahingehend erreicht, daß eine Angleichung der mit den gemessenen Werten ermittelten empirischen Verteilung durch eine theoretische Verteilung entfällt. Der Median teilt definitionsgemäß (vgl. Anhang 8.1) die Fläche der betrachteten Verteilung in zwei gleiche Hälften, unabhängig vom Verteilungstyp.

Mit Hilfe einer rollierenden Berechnung über die definierten Perioden kann in der Praxis sichergestellt werden, daß eine Veränderung der Lagerabgangsverteilung unmittelbar berücksichtigt wird.

4.2.2.2 Vorgehensweise zur Ermittlung des notwendigen Sicherheitsbestandes

Der Sicherheitsbestand soll in diesem Zusammenhang zur Gewährleistung der Lieferbereitschaft des Lagers bei unerwarteten Nachfrageschwankungen dienen (vgl. TEMPELMEIER 1983, S. 134).

Die Berechnung des Sicherheitsbestandes erfolgt dann mit Hilfe des in Anhang 8.1 erläuterten einseitigen Konfidenzbereiches für den Median (vgl. SACHS 1984, S. 201). Für die betrachtete Fragestellung sind einseitige Konfidenzbereiche im Gegensatz zu den zweiseitigen Konfidenzbereichen deshalb von größerem Interesse, da ja der Wert berechnet werden soll, der angibt, welche Menge zusätzlich zum Grundbestand gelagert werden soll, um die Lieferbereitschaft mit einem vorgegebenen Lieferbereitschaftsgrad zu gewährleisten (vgl. Abb. 4.2.2.2-1).

Die zweiseitige Betrachtungsweise, wie sie z.B. bei den Toleranzschranken für die Qualitätskontrolle verwendet werden, führt hier zu keinen befriedigenden Ergebnissen. In diesem Fall würde nämlich der äußerste linke Teil der Verteilung, der einem Lagerabgang entspricht, welcher kleiner als der Grundbestand ist, bei der geforderten Lieferbereitschaft nicht berücksichtigt. In Abb. 4.2.2.2-1 ist dieser Sachverhalt nochmals verdeutlicht.

Gesucht wird somit die obere Grenze des einseitigen Konfidenzbereichs um den Median, die mit einer vorgegebenen statistischen Sicherheit (Lieferbereitschaftsgrad) nicht überschritten wird, d.h., daß die Gesamtmenge der Lagerabgänge/Periode diesen Wert mit der gewählten Wahrscheinlichkeit nicht übersteigt.

Der reine Sicherheitsbestand ergibt sich für die definierte Periode dann als die Differenz dieser oberen Grenze des Konfidenzbereichs mit dem Median, wobei die Berechnung der oberen Schranke des Konfidenzbereichs aus den angeführten Gründen verteilungsfrei erfolgt (vgl. Abb. 4.2.2.2-1).

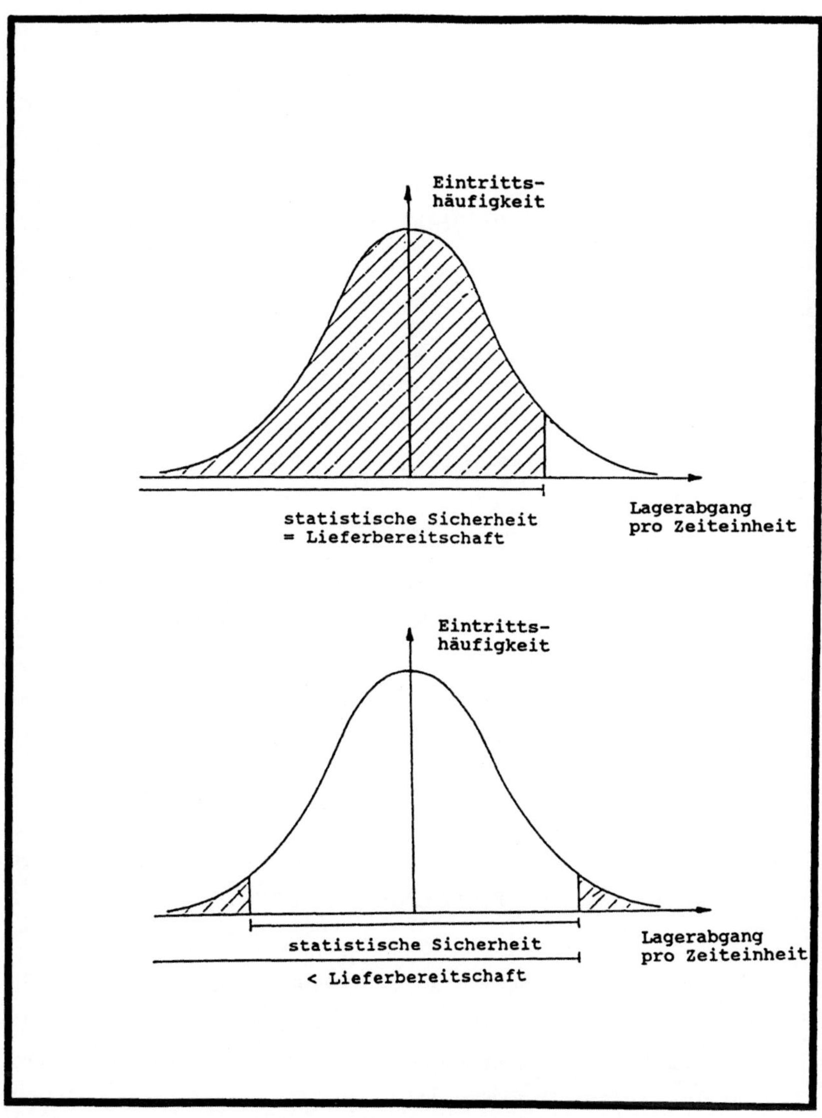

Abb. 4.2.2.2-1: Zusammenhang zwischen einseitigen und zweiseitigen Konfidenzbereichen und der Lieferbereitschaft

Ausgangspunkt für die Ableitung der hierfür notwendigen Formel ist der Zeichen- bzw. Vorzeichentest.

Es handelt sich hierbei um ein nichtparametrisches statistisches Verfahren, dessen hohe Effizienz im Vergleich mit seinen klassischen Konkurrenten, wie z.B. dem T-Test und dem F-Test, die zu den parametrischen Verfahren gezählt werden, nachgewiesen werden konnte (vgl. BÜNING/TRENKLER 1978, S. 14). Im folgenden seien die Vorteile nichtparametrischer Verfahren den parametrischen Verfahren gegenübergestellt:

- Für nichtparametrische Verfahren sind keine speziellen Verteilungsannahmen über die Grundgesamtheit notwendig. Gleichzeitig benötigt man kein kardinales Meßniveau, wie dies bei parametrischen Verfahren der Fall ist (vgl. BÜNING/ TRENKLER 1978, S. 14).

- Nichtparametrische Verfahren sind in den meisten Fällen effizienter als parametrische Verfahren unter der Voraussetzung, daß eine andere Verteilung als diejenige postuliert wird, unter der der parametrische Test optimal ist. Selbst unter der Annahme, daß der parametrische Test optimal ist, läßt sich der Effizienzverlust nichtparametrischer Verfahren als geringfügig ausweisen (vgl. BÜNING/TRENKLER 1978, S. 14).

- Nichtparametrische Verfahren sind leichter anzuwenden und erfordern nur einen geringen Rechenaufwand (vgl. BÜNING/TRENKLER 1978, S. 14).

- Für nichtparametrische Verfahren stellt sich das Robustheitsproblem nicht in dem Maße wie bei parametrischen Verfahren, weil die zur Anwendung von nichtparametrischen Verfahren erforderlichen schwachen Annahmen in der Regel erfüllt sind (vgl. BÜNING/TRENKLER 1978, S. 14).

Allgemein läßt sich sagen, daß solche verteilungsunabhängigen Verfahren eingesetzt werden, wenn das parametrische Verfahren wenig robust gegenüber Abweichungen von Bedingungen ist, die an die Grundgesamtheit bzw. die Verteilung geknüpft sind.

Sind gewisse Annahmen bezüglich des Verteilungstyps oder des Parameterbereiches nicht zutreffend, so ist es ratsam, einen nichtparametrischen Test zu verwenden.

Der Zeichentest ist nach MÜLLER (1983, S. 327) ein Signifikanztest für den Vergleich von verschiedenen Verfahren, wobei vorausgesetzt wird, daß einander entsprechende Paare meßbarer Größen zur Verfügung stehen. Mit Hilfe der Binomialverteilung werden dann, wie in der Testtheorie üblich, gewisse Schwellenwerte abgeleitet, mit deren Hilfe die entsprechende Hypothese verworfen wird oder auch nicht. Diese Schwellenwerte können für Stichprobenumfänge der für die hier betrachtete Fragestellung entsprechenden Größenordnung durch eine Nährungsformel berechnet werden. Der Schwellenwert "K" ergibt sich zu (vgl.
STANGE 1970, S. 484; BOSCH 1982, S. 185):

$$K = \frac{1}{2}\,(n - 1 - n^{\frac{1}{2}} * u_{1-\alpha})$$

mit: n als Stichprobenumfang
$u_{1-\alpha}$ als das (1-α)-Quantil der Normalverteilung mit Erwartungswert 0 und Varianz 1 (N (o,1))

Mit Hilfe dieses Schwellenwertes kann dann die Berechnung der oberen Grenze des verteilungsfreien Konfidenzbereiches "K_0" für den Median erfolgen. Die obere Grenze ergibt sich nach BOSCH (1982, S. 188) als der Wert, der in der aufsteigend geordneten Stichprobe an der Stelle

$$K_0 = n - [K]$$

mit: [K] kleinste ganze Zahl größer als K

steht. Für verschiedene Stichprobenumfänge n und in der betrieblichen Praxis verwendete Lieferbereitschaftsgrade (1-α) ist in Anhang 8.3 eine Tabelle der Werte K_0 aufgestellt.

Für z.B. n = 40 und einen geforderten Lieferbereitschaftsgrad von 90 % ergibt sich nach der Tabelle in Anhang 8.3, daß der 25. Wert der aufsteigend geordneten Stichprobe die obere Grenze des Konfidenzbereichs darstellt.

Ähnliche Tabellen finden sich bei SACHS (1984, S. 248 f.), STANGE (1970, S. 485), MAC KINNON (1964, S. 937 ff.), VAN DER PARREN (1970, S. 614 ff.) und in der DOCUMENTA GEIGY (1968, S. 104 ff.).

In der Literatur wird bei der Anwendung des Zeichen- bzw. Vorzeichentests mit Hilfe der beschriebenen Näherungsformel davon ausgegangen, daß

- die Anzahl der Beobachtungswerte $n \geq 36$ und
- die zugrundegelegte Verteilung stetig

ist (vgl. z.B. STANGE 1970, S. 481 und 484).

Liegt die Anzahl der Beobachtungswerte unterhalb von 36, wäre somit für eine exaktere mathematische Betrachtung die Näherungsformel nicht zu verwenden. Ein Vergleich der im Anhang "T" angegebenen Werte für $n < 36$ mit den für diesen Bereich mit der exakten Formel berechneten und in den oben aufgeführten Tabellen der Literatur angegebenen Werten ergibt jedoch, daß nur sehr marginale Abweichungen auftreten, die für die betriebliche Praxis vernachlässigbar scheinen. Zumal, wenn man berücksichtigt, daß die so ermittelten Mengen zunächst nur theoretisch sind und noch auf entsprechende praxisgerechte Größen (z.B. Ladeeinheiten, Paletten, Verkaufseinheiten) angehoben werden müssen.

Die Annahme einer stetigen Lagerabgangsverteilung stellt ebenfalls für die hier betrachtete Fragestellung keine Einschränkung dar. Geht man nämlich davon aus, daß gegebenenfalls die diskreten Mengenausprägungen (z.B. Stück) in das stetige Merkmal "Gewicht" transformiert werden können, so könnte die Berechnung der notwendigen Mengen zunächst in der Einheit "Gewicht" erfolgen und anschließend wieder in die im wesentlichen aus Marketinggesichtspunkten gewählten diskreten Stückzahlen retransformiert werden. Hierzu führt BROWNLEE (1961, S. 182) aus:

> "The sign test assumes that the underlying distributions are continuous and hence the probability of a tie occurring, giving rise to a zero difference, is zero. However, in practice all continuous measurements are only recorded to a finite number of decimal places, and ties may occur. The best procedure when this happens is to delete the ties from all consideration".

Zu einem im wesentlichen gleichen Ergebnis kommt PUTTER (1955, S. 369 ff.). Daher erscheint es für die betrachtete Fragestellung legitim, die aufgezeigte Näherungsformel weitestgehend uneingeschränkt zu nutzen.

Lediglich bei Artikeln mit außerordentlich sporadischem Lagerabgang, wie er z.B. bei Ersatzteilen vorkommen kann, sollten vor Nutzung der aus der Anwendung der Näherungsformel folgenden Ergebnisse die aufsteigend geordneten Werte der Zeitreihe der betreffenden Artikel kontrolliert werden, um die ungünstigen Einflüsse von Sprungstellen zu vermeiden. So wurde nach der Näherungsformel beispielhaft für einen Artikel mit 20 Lagerabgangswerten, die sich aufsteigend geordnet darstellen zu

0	0	0	0	0	0	0	0	0	0
0	0	0	0	10	10	12	12	12	12,

die zu lagernde Menge (Grund- plus Sicherheitsbestand) für eine Lieferbereitschaft von 90 % der 14. Wert (= 0) und für eine Lieferbereitschaft von 95 % der 15. Wert (= 10) (vgl. Anhang 8.3) angegeben. In diesen Fällen ist die Entscheidung des Disponenten gefordert, der mit seinen spezifischen Kenntnissen über z.B. auch die Marktstrategie des Unternehmens entscheiden muß, ob dieser Artikel überhaupt, ggf. in welcher Höhe, oder nicht gelagert wird.

4.3 Stochastische Berücksichtigung der Wiederbeschaffungszeit bei dem entwickelten Verfahren

Das in den vorangegangenen Abschnitten dieses Kapitels dargestellte Verfahren zur Berechnung von Grund- und Sicherheitsbeständen bezog sich allgemein auf eine zu definierende Zeiteinheit, die nicht notwendig gleich der Wiederbeschaffungszeit sein muß. Gemäß den in Kapitel 3 aufgezeigten Nachteilen bestehender Modelle hinsichtlich ihrer praxisgerechten Anforderungen an die bereitgestellten Daten und den formulierten Zielen dieser Arbeit kann dies auch nicht sinnvoll sein.

Es stellt sich daher die Frage

- welche Zeiteinheit als Bezugseinheit definiert und

- in welcher Form die artikelspezifische Wiederbeschaffungszeit

bei der Berechnung notwendiger Lagerbestände berücksichtigt werden kann.

Der Sicherheitsbestand soll den Lieferbereitschaftsgrad bei unerwarteten Lagerabgangsschwankungen wie auch bei unerwarteter Verlängerung der Wiederbeschaffungszeit sicherstellen (vgl. z.B. TEMPELMEIER 1983, S. 134). Die Wiederbeschaffungszeit geht, wie im folgenden noch gezeigt wird, im wesentlichen als Faktor in die Berechnung der notwendigen Bestände ein. Der genaue Wert dieses Faktors wird hierbei durch die tatsächliche Wiederbeschaffungszeit bestimmt. Auch die Wiederbeschaffungzeit ist jedoch Schwankungen unterworfen. Sie ist daher ebenfalls eine stochastische Zufallsvariable mit einer entsprechenden Verteilung. Konsequenterweise wird in den in der Literatur angeführten Lagerhaltungsmodellen auch für die Wiederbeschaffungszeit gewöhnlich der arithmetische Mittelwert als Schätzer verwendet (vgl. Kapitel 3).

Daher wäre eine Möglichkeit zur Bestimmung der in die Berechnungen eingehenden Wiederbeschaffungszeit das in Abschnitt 4.2 beschriebene Verfahren. Durch die Verwendung der oberen Grenze des Konfidenzbereichs für den Median würden dann mit einer vorzugebenden statistischen Sicherheit (z.B. 95 %) alle Lieferungen in diesem Zeitraum erfolgen. Aus diesen Gründen wird auf die Ermittlung realer Wiederbeschaffungszeiten in dieser Arbeit nicht näher eingegangen, sondern bei der weiteren Entwicklung des Verfahrens davon ausgegangen, daß die verwendete Wiederbeschaffungszeit mit einer genügend großen Wahrscheinlichkeit eingehalten wird.

In den Unternehmen sind die für die Berechnung notwendiger Grund- und Sicherheitsbestände benötigten Daten i.d.R. für alle Artikel gemeinsam auf einer bestimmten Verdichtungsebene (z.B. Tag, Woche, Monat) vorhanden. Für die Berücksichtigung der Wiederbeschaffungszeit bei der Berechnung notwendiger Grund- und Sicherheitsbestände ist es sinnvoll, daß die in den vorangegangenen Abschnitten angeführten zu definierenden Zeiteinheiten die gleiche Dimension wie die Wiederbeschaffungszeit (z.B. Woche) aufweisen. Hat die Datenverdichtungsebene eine größere Dimension als die Wiederbeschaffungszeit, so ergibt sich ein ungünstiges Fehlerausgleichsverhalten. Bei niedrigerer Dimension erfordert die Berechnung der notwendigen Sicherheitsbestände einen höheren Rechenaufwand. Die zu berücksichtigende Wiederbeschaffungszeit ergibt sich dann als ein Vielfaches der zugrundegelegten Zeiteinheit.

Ist nun auf der Basis einer Zeiteinheit der Wiederbeschaffungszeit der für diese Zeitperiode notwendige Grund- und Sicherheitsbestand gemäß Abschnitt 4.2 ermittelt worden, so kann der wiederbeschaffungszeitspezifische Lagerbestand wie folgt berechnet werden:

Der ermittelte Grundbestand ist nach Abschnitt 4.2 der Median der Lagerabgangsverteilung einer Zufallsvariablen. Diese Zufallsvariable X hat als Realisierungen die Lagerabgänge für die zugrundegelegte Zeiteinheit. Für das sich anschließende Zeitintervall gleicher Länge verhält es sich ähnlich, wobei die hier auftretende Zufallsvariable Y im allgemeinen von X verschieden ist. Dies gilt ebenso für eine dritte Zufallsvariable Z mit einem entsprechenden Zeitintervall.

Die Zufallsvariablen X, Y und Z haben also nicht notwendig die gleiche Verteilung mit den gleichen Parametern. Ist die Wiederbeschaffungszeit z.B. die dreifache Länge des betrachteten Zeitintervalls, so würde sich der Grundbestand mit Hilfe der Zufallsvariablen

$$G := X + Y + Z$$

ergeben (vgl. hierzu auch TEMPELMEIER 1982, S. 340; MARKIEWICZ 1988, S. 126).

Die Addition von Zufallsvariablen bezeichnet man in der Statistik als "Faltung" (vgl. MÜLLER 1983, S. 75; KRICKEBERG, ZIEZOLD 1977, S. 54). Speziell für die Summe zweier Zufallsvariablen gilt:

Die Verteilungsfunktion F(Z) der Zufallsvariablen Z = X+Y wird durch folgendes Integral dargestellt:

$$F(z) = \int_0^z \psi(z)\ dz$$

$\psi(z)$: Dichtefunktion von F(z)

Die Dichtefunktion ψ der Zufallsvariablen Z wird durch Integration des Ausdrucks f(x, y) = f(x, z-x) nach x von 0 bis $+\infty$ bestimmt. Man erhält als sogenannte Marginalverteilung oder Randdichte der zweidimensionalen Zufallsvariablen den Ausdruck:

$$\psi(z) = \int_0^\infty f(x,\ z-x)\ dx$$

mit f(x, z-x) : Dichtefunktion von $\psi(z)$

Durch Einsetzen in F(z) erhält man:

$$F(z) = \int_0^z \int_0^\infty f(x, z-x)\; dx\; dz$$

Unter der Voraussetzung, daß die Zufallsvariablen X und Y voneinander unabhängig sind, gilt:

$$f(x,y) = f_1(x) * f_2(y)$$

wobei $f_1(x)$ und $f_2(x)$ die Dichtefunktion der Zufallsvariablen x darstellen. Hieraus folgt:

$$\psi(z) = \int_0^\infty f_1(x) * f_2(z-x)\; dx$$

und somit:

$$F(z) = \int_0^z \left(\int_0^\infty f_1(x) * f_2(z-x)\; dx \right) dz$$

Den Ausdruck in der Klammer ist unter dem Namen Faltungsprodukt bekannt.

Zur Theorie der Faltung finden sich in der Literatur zahlreiche Anwendungen. So ist sie z.B. in der Theorie der Verkehrsflußplanung ein wesentliches Hilfsmittel (vgl. HAIGHT, 1963).

Häufig besteht bei der Faltung von Zufallsvariablen das Interesse darin, die "Faltungsverteilung" der Summe zu ermitteln. So gilt in einigen Fällen, daß die Summe von Zufallsvariablen mit gleicher Verteilung wiederum diese Verteilung besitzt. Dies ist z.B. für die Poissonverteilung (vgl. MORGENSTERN 1964, S. 38; FISZ 1976,

S. 175) oder die Normalverteilung (vgl. TEMPELMEIER 1982, S. 341) der Fall. Für den allgemeinen Fall ist dies jedoch nicht richtig (vgl. z.B. KRICKEBERG / ZIEZOLD 1977, S. 128 für den Fall von exponentialverteilten Zufallsvariaben).

Für den hier vorliegenden Fall der Faltung von empirischen Verteilungen führt TEMPELMEIER (1982, S. 342) aus: "... kann die gefaltete Verteilung lediglich mit Hilfe der Simulation bei ökonomisch vertretbaren Aufwand ermittelt werden".

Geht man jedoch für die hier betrachtete Fragestellung davon aus, daß die Zufallsvariablen stochastisch unabhängig sind, was zulässig erscheint, da der Lagerabgang einer Periode i.d.R. unabhängig vom Lagerabgang der nächsten Periode ist, dann gelten folgende Regeln:

1) Der Median der Summe von Zufallsvariablen ist gleich der Summe der Mediane.

2) Der Sicherheitsbestand der Summe ergibt sich aus der Wurzel der Summe der quadrierten Sicherheitsbestände.

Regel (1) ergibt sich aus dem Additionssatz für Erwartungswerte (vgl. KREYSZIG 1982, S. 153) und dem Zusammenhang zwischen Erwartungswert und Median (vgl. SACHS 1984, S. 41; DOCUMENTA GEIGY 1968, S. 162):

$$E\,[x_1 + x_2 + \ldots + x_n] = E[x_1] + E[x_2] + \ldots + E[x_n]$$

Regel (2) resultiert aus dem Additionssatz für Varianzen von unabhängigen Zufallsvariablen, da im wesentlichen diese bei der Berechnung von Sicherheitsbeständen eingehen (vgl. HOLZBERG 1980, S. 15). Dieser Satz besagt, daß (vgl. KREYSZIG 1982, S. 155):

$$\sigma^2_{(x_1 + \ldots + x_n)} = \sigma^2_{x_1} + \ldots + \sigma^2_{x_n}$$

Für die hier betrachtete Fragestellung scheint es zulässig, anzunehmen, daß für die betrachteten Zeitintervalle, d.h. während der Wiederbeschaffungszeit, die Parameter konstant sind, da sich die zugrundeliegenden Verteilungen während der infragekommenden Zeiteinheiten in der Regel nicht bzw. in nur vernachlässigbaren Maße veränden. Damit ergibt sich der Grundbestand als wiederbeschaffungszeitspezifisches Vielfaches der definierten Zeiteinheit. Das bedeutet, wenn die Wiederbeschaffungszeit z.B. das n-fache der definierten Zeiteinheit mit Median x_m ist, ergibt sich der notwendige Grundbestand "GB" zu:

$$GB = \underbrace{x_m + \ldots + x_m}_{\text{n mal}} = n * x_m$$

Der Sicherheitsbestand "SB" ergibt sich dann mit SB_t als den einzelnen Sicherheitsbeständen der Zeiteinheiten zu:

$$SB = \sqrt{[\underbrace{SB_t^2 + \ldots + SB_t^2}_{\text{n mal}}]} = \sqrt{[n * SB_t^2]} = \sqrt{n} * SB_t$$

Der notwendige Lagerbestand "L" ergibt sich dann zu:

$$L = n * x_m + \sqrt{n} * SB_t$$

Das Auftreten der Wurzel bei der Berechnung des Sicherheitsbestandes ergibt sich also durch die Anwendung der Regeln der Faltung.

HOLZBERG (1980, S. 58) hatte dies durch empirische Untersuchungen zumindest für die Normal- und Poissonverteilung festgestellt.

Im folgenden wird das vorgestellte Verfahren noch einmal anhand von aktuellen Lagerabgangsdaten aus dem Ersatzteilbereich eines namhaften deutschen Automobilherstellers erläutert.

Der von dem Unternehmen geforderte und zu realisierende Lieferbereitschaftsgrad von 96,5 % entspricht einem einseitigen 96,5 %-Konfidenzbereich um den Median. Die Obergrenze dieses Vertrauensbereiches ergibt sich analog zu der dargestellten Vorgehensweise. An dieser Stelle sei auf die Tabelle im Anhang 8-3 hingewiesen, mit deren Hilfe sich sowohl der Median als auch die obere Grenze des Konfidenzbereiches bestimmten läßt.

Diese durch den einseitigen Konfidenzbereich gegebene Obergrenze entspricht dem Lagerbestand, der mindestens je Monat nötig ist (Grund- und Sicherheitsbestand), um eine Lieferbereitschaft von 96,5 % erwarten zu können und stellt die Summe aus Median und lieferbereitschaftsgradspezifischem Sicherheitsbestand eines Artikels je Zeiteinheit dar. So ergibt sich für den Artikel A0001164 z.B. ein notwendiger Bestand von 1201 Stück (vgl. Anhang 8.2, A.5-1).

Der für die jeweilige (bei Artikel A0001164 z.B. 4 Monate) Wiederbeschaffungszeit notwendige Sicherheitsbestand berechnet sich dann aus der mit der Wurzel der Wiederbeschaffungszeit zu multiplizierenden Differenz zwischen der Obergrenze des Konfidenzbereiches (1201 Stück bei dem hier beispielhaft betrachteten Artikel) und dem Median der artikelspezifischen Verteilung (hier: 988 Stück). So ergibt sich bei Artikel A0001164 ein Sicherheitsbestand von [$(4)^{1/2}$ * (1201 - 988) =] 426 Stück.

Der notwendige Bestand eines Artikels zur Überbrückung einer gegebenen Wiederbeschaffungszeit mit geforderter Lieferbereitschaft ermittelt sich dann aus dem Produkt von Median und Wiederbeschaffungszeit zuzüglich des entsprechenden Sicherheitsbe standes. Bei Artikel A0001164 führt dies somit zu einem Verbrauch/WBZ von [4 * 988 =] 3952 Stück. Der zu diesem Verbrauch/WBZ zuzuschlagende Sicherheitsbestand von 426 Artikel ergibt dementsprechend einen notwendigen Bestand von [3952 + 426 =] 4378 Stück.

Im Anhang 8.2, A.5-1 sind die Mediane, die geforderten Lieferbereitschaftsgrade und Wiederbeschaffungszeiten sowie die Sicherheitsbestände der untersuchten Artikel des Unternehmens aufgelistet.

Einen Vergleich der durch das dargestellte Verfahren ermittelten mittleren Bestände mit den durchschnittlichen Lagerbeständen des Unternehmens ist im Anhang 8.2, A.5-2 zu finden. Hier sind die tatsächlichen und die durch das Verfahren berechneten Bestände sowie Oberen absoluten und prozentualen Abweichungen in Form einer Tabelle zusammengefaßt.

Es zeigt sich, daß sich die durchschnittlichen Bestände des Unternehmens recht deutlich von den mit Hilfe des verteilungsfreien Verfahrens berechneten Beständen unterscheiden.

Über alle untersuchten 101 Artikel ermittelte das vorgestellte Verfahren einen Lagerbestand von 1 016 115 Stück, der um 266 910 Stück geringer ist als der tatsächliche durchschnittliche Bestand des Unternehmens von 1 283 025 Stück. So ergab sich über alle betrachteten Artikel eine mögliche kumulierte Bestandssenkung um 20,8 %, die durch die Berücksichtigung zusätzlicher, hier nicht berücksichtigter, aber dem Disponenten bekannter Informationen durchaus noch zu verbessern ist.

5. Programmtechnische Realisierung des Verfahrens

In den vorangegangenen Kapiteln wurde die theoretische Vorgehensweise zur Berechnung notwendiger Grund- und Sicherheitsbestände unter Berücksichtigung der realen Lagerabgangsverteilung mit Hilfe von Konfidenzbereichen erläutert. Die Notwendigkeit der Entwicklung eines solchen Verfahrens ergab sich unter anderem aus der Forderung, die betrieblichen Bedürfnisse zu berücksichtigen und somit eine problemlose praktische Anwendbarkeit zu gewährleisten. Aus diesem Grunde wurde das Programmpaket DISKOVER (**DIS**position mit Hilfe von **KO**nfidenzbereichen unter Berücksichtigung der tatsächlichen Lagerabgangs**VER**teilung) erstellt, welches in der Lage ist, das in der vorliegenden Arbeit beschriebene Verfahren auf reale Daten anzuwenden.

Auf eine umfassende Beschreibung des Programmpakets DISKOVER im Sinne eines "how-to"-Manuals oder Handbuchs wird an dieser Stelle verzichtet[1].

5.1 Anforderungen an DISKOVER

Um die Kompatibilität des Systems zu den Unternehmen zu gewährleisten, müssen die Schnittstellen entsprechend gestaltet sein. Eingangsseitig bedeutet dies, daß das Eingabeformat der von DISKOVER benötigten Daten mit einfachen Mitteln aus den in den Unternehmen verwendeten Datenstrukturen zu erstellen ist. Ausgangsseitig sollte die Ergebnispräsentation den bisherigen Darstellungen im Unternehmen entsprechen, d.h. den Mitarbeitern ist der Umgang mit den Ergebnissen vertraut.

Zur Realisierung des Programmes wurde die Programmiersprache Turbo-Pascal (Version 5.0) eingesetzt. Aufgrund ihres blockstrukturierten Aufbaus und der Möglichkeit modularer Schreibweise wird eine hohe Einbindbarkeit in bestehende

---

1 vgl. hierzu HUHNDORF, R.: DISKOVER - Disposition mit Hilfe von Konfidenzbereichen unter Berücksichtigung der tatsächlichen Lagerabgangsverteilung. Sonderdruck, Aachen 3(1990) (Forschungsinstitut für Rationalisierung - FIR - Aachen).

Software-Systeme und eine einfache Anpassungsmöglichkeit der Schnittstellen erreicht. Zudem bietet Turbo-Pascal unter der Verwendung von Tool-Paketen die Option des Aufbaus von Masken. Hierdurch ist eine hohe Bedienerfreundlichkeit und kurze Einarbeitungszeit gewährleistet. Eine wesentliche Forderung an das Programm sollte darüber hinaus sein, daß der Zeitaufwand für die Verarbeitung der Daten und die Ergebnispräsentation den betrieblichen Anforderungen angepaßt ist. Die notwendige Rechenzeit sollte also möglichst gering sein.

5.2 Programmbeschreibung DISKOVER

Das mit dem Betriebssystem MS-DOS arbeitende Programm ist auf allen IBM-PC's und IBM-kompatiblen PC's mit Festplattenlaufwerk und einem Arbeitsspeicher von mindesten 640 KByte lauffähig. Für die anschauliche Darstellung der Ergebnisse bietet sich ein Farbmonitor an. Als Peripherie-Einheiten sollten sowohl ein Drucker (zur Ergebnisprotokollierung) als auch ein Plotter (zur graphischen Ausgabe statistischer Darstellungen der Eingabedatei) zur Verfügung stehen.

Das Programm verfügt über eine sich selbst erklärende Menüsteuerung, die eine einfache und benutzerfreundliche Handhabung ermöglicht. Abbildung 5.2-1 zeigt die Maske des Hauptmenüs mit den drei Hauptoptionen "Umsetzung", "Auswertung" und "Grafik".

- "Umsetzung"

Innerhalb dieser Routine wird die Eingabedatei für die Auswertung mittels geeigneter Algorithmen entsprechend aufbereitet und sortiert. DISKOVER benutzt zur grafischen Darstellung von Eingabedaten und Ergebnissen das Statistik-Standard-Programm NCSS. NCSS stellt an das Format der zu verarbeiteten Eingabedaten bestimmte Anforderungen, die sinnvollerweise auch von DISKOVER übernommen wurden. Hieraus ergibt sich, daß die Variablennamen (= Artikelnamen), die Beobachtungsnamen (= Datum) und die Beobachtungswerte (= Lagerabgangsmenge pro Zeiteinheit) in der in Abbildung 5.2-2 dargestellten Weise strukturiert sein sollten.

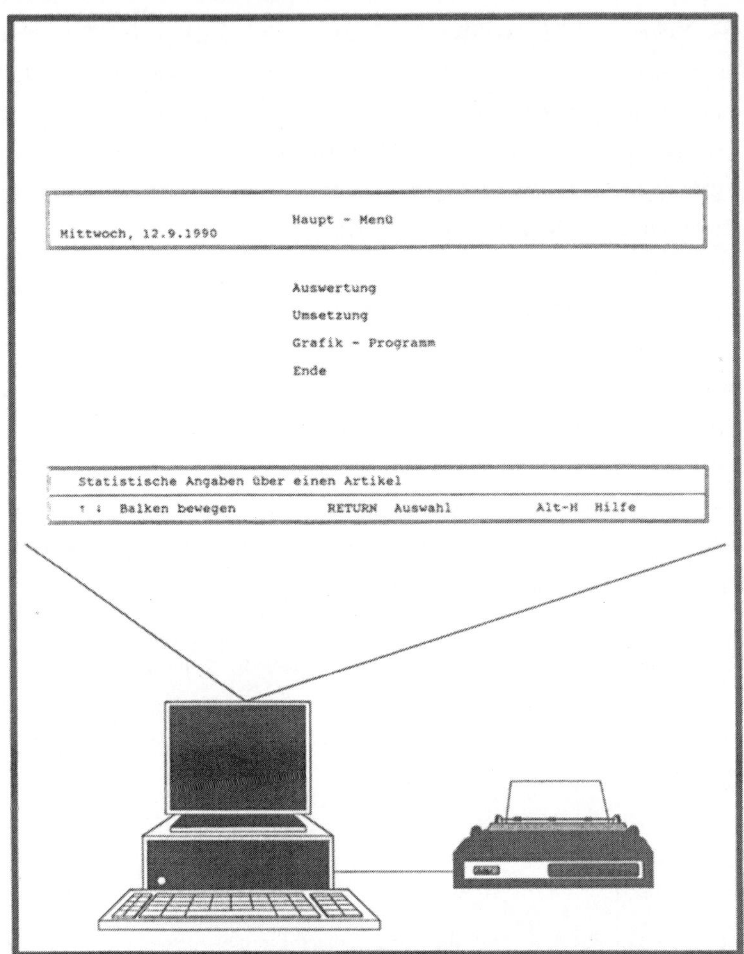

Abb. 5.2-1: Maske des Hauptmenüs

Es handelt sich also um nichts anderes als eine Matrix mit untereinander aufgelisteten Spaltenbezeichnungen und anschließender Auflistung der Zeilen. Die Umsetzungsdatei muß nur einmal pro Eingabedatei erstellt werden, d.h. nach der Umsetzung können beliebig viele Auswertungen mit veränderlichen Parametern erstellt werden.

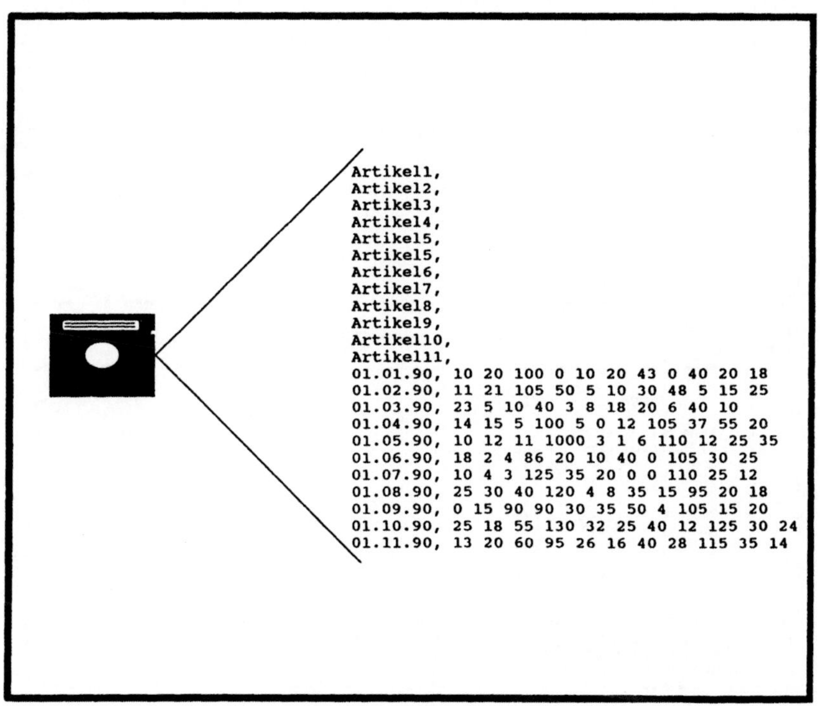

Abb. 5.2-2: Beispiel für eine von DISKOVER zu verarbeitende Datei

- "Auswertung"

Die Auswertung stellt die erste Option des Hauptmenüs dar und ist als das eigentliche Kernstück des Programmes anzusehen. Hier werden Grund- und Sicherheitsbestand jedes Artikels mit Hilfe des beschriebenen Verfahrens berechnet. Nach Eingabe des Dateinamens erscheint unmittelbar der Grund- und Sicherheitsbestand des ersten Artikels (vgl. Abbildung 5.2-3). Durch Eingabe der jeweiligen Artikelnummer oder durch einfaches "Weiterblättern" können auf diese Weise die erforderlichen Bestände aller in der Datei befindlichen Artikel aufgerufen werden. Darüber hinaus können die vorzugebenden Parameter wie z.B. Lieferbereitschaftsgrad und Wiederbeschaffungszeit jederzeit geändert werden. Auch ist das Programm in der

Lage, die mittleren Bestände der verschiedenen Artikel getrennt anzugeben, wodurch die Vergleichbarkeit der Artikel erleichtert wird.

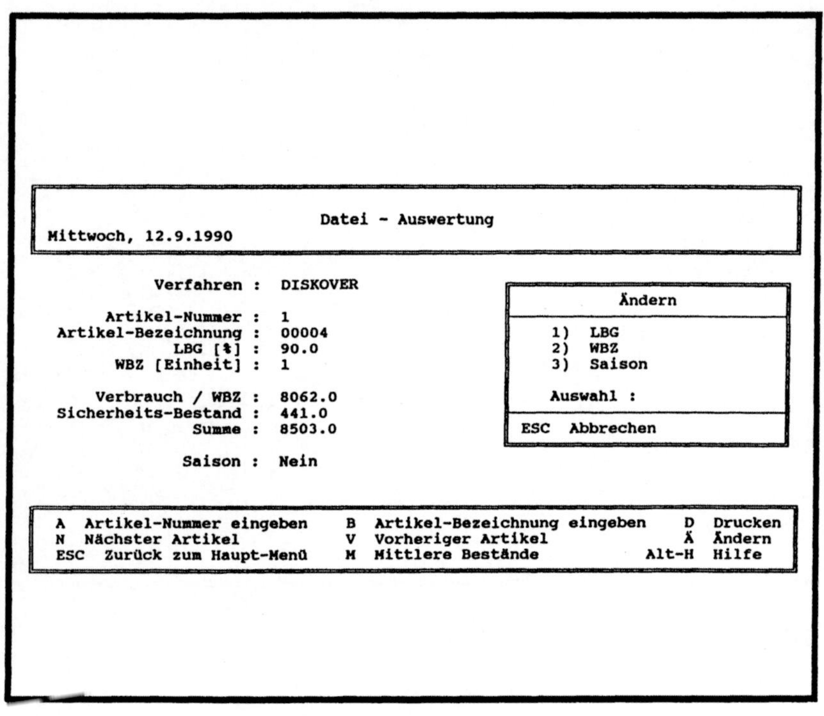

Abb. 5.2-3: Grund- und Sicherheitsbestand eines Artikels

- "Grafik-Programm"

Zur graphischen Darstellung der Ergebnisse kooperiert DISKOVER mit Teilen aus dem benutzerfreundlichen Statistik-Standard-Programm NCSS. Die Möglichkeit eines Aufrufes von dem durch die Firma Unisoft vertriebenen Softwarepaket NCSS durch DISKOVER erlaubt dem Disponenten neben der graphischen Aufbereitung auch den Rückgriff auf ergänzende statistische Analysen der vorliegenden Lagerabgangsverteilungen. Zu einer genaueren Erklärung der durch NCSS offerierten

Möglichkeiten und der Arbeitsweise mit NCSS sei hier auf das zugehörige Handbuch von HINTZE/BAUSCH (vgl. HINTZE o.J.) verwiesen.

Insgesamt stehen die folgenden drei Möglichkeiten der graphischen Darstellung zur Verfügung:

- "Box-Plot",
- "Dichtefunktion" und
- "Zeitreihen-Grafik".

Abbildung 5.2-4 zeigt ein "Box-Plot" von zwei Artikeln, deren saisonale Schwankungen durch die getrennte Betrachtung von Sommer und Winter aufgezeigt wird. Hierdurch ist die Möglichkeit gegeben, die artikelspezifischen Konfidenzbereiche in anschaulicher Form darzustellen.

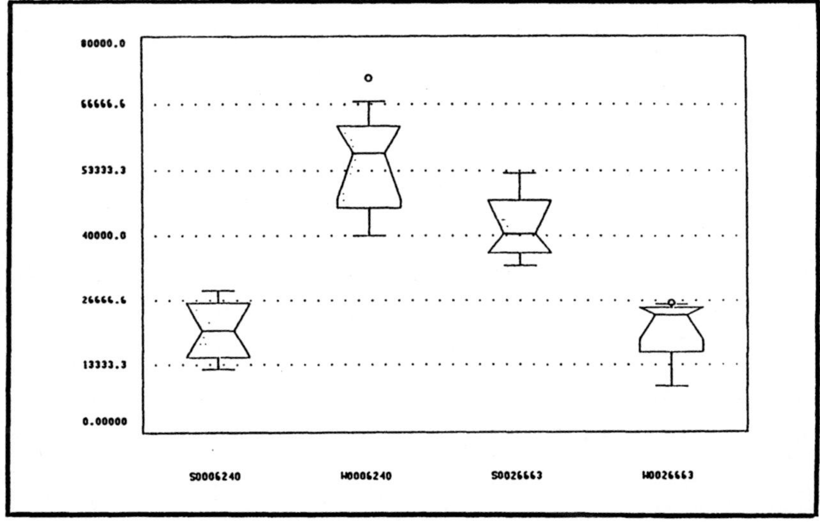

Abb. 5.2-4: Darstellung der Konfidenzbereiche anhand von "Box-Plots" (S = "Sommer"; W = "Winter")

Darüberhinaus kann die Dichtefunktion der Eingabedatei eines zu wählenden Artikels grafisch dargestellt und optional auf dem Plotter ausgegeben werden. Außer der realen Dichtefunktion enthält der Plot auf Wunsch auch die Dichtefunktion der entsprechenden Normalverteilung, wodurch beide qualitativ miteinander verglichen werden können. Abbildung 5.2-5 zeigt die Dichtefunktion eines Artikels aus dem Ersatzteilbereich eines namhaften deutschen Automobilherstellers. Anhand dieser Lagerabgangsverteilung läßt sich anschaulich nachweisen, daß in der betrieblichen Praxis häufig Verteilungen auftreten, bei denen eine Zuordnung zu einem der genannten theoretischen Verteilungstypen in sinnvoller Weise nicht möglich ist.

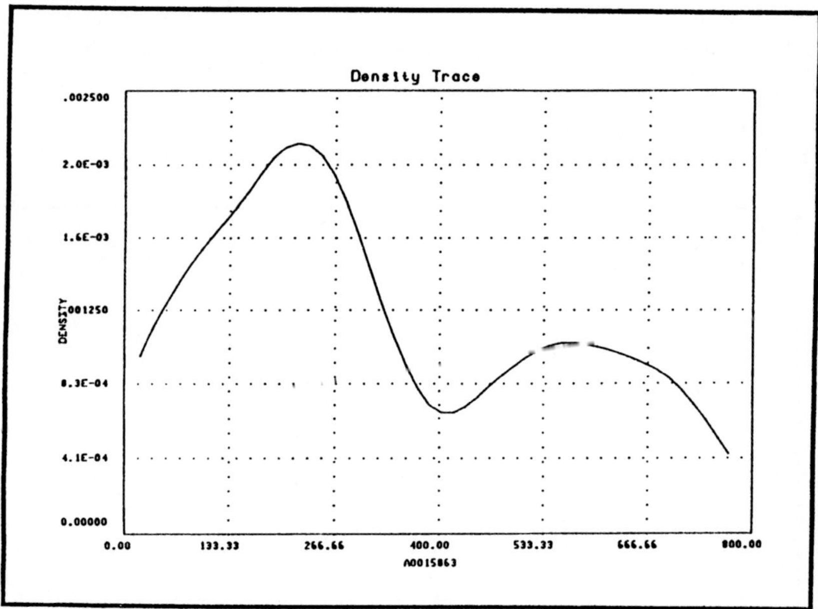

Abb. 5.2-5: Empirische Lagerabgangsverteilung

Ein Beispiel für eine mit Hilfe von DISKOVER zu erstellende Zeitreihen-Grafik ist in Abbildung 5.2-6 dargestellt. Hierbei handelt es sich um vier Artikel eines Handelsunternehmens aus dem Food-Bereich. Auch die Zeitreihe läßt sich in der gezeigten Form auf dem Plotter ausgeben.

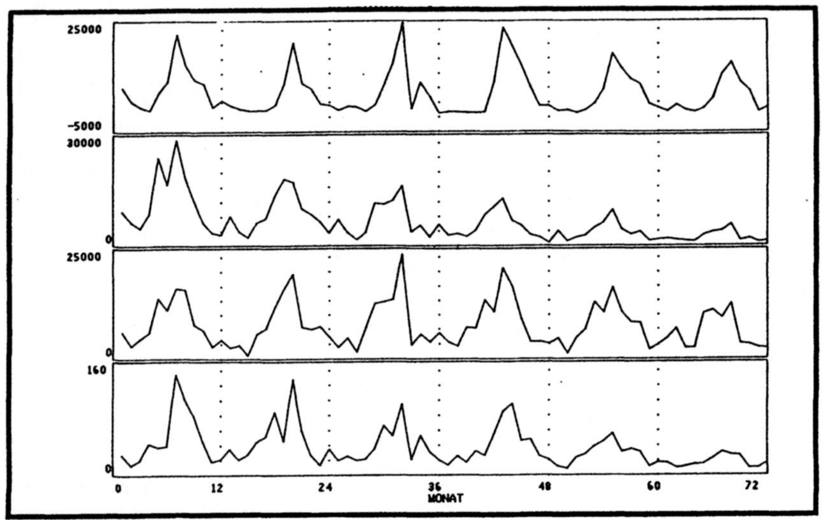

Abb. 5.2-6: Zeitreihen von vier Artikeln eines Handelsunternehmens

5.3 Erfahrungen mit DISKOVER

Um mögliche Schwierigkeiten des beschriebenen Verfahrens zu erkennen, aber auch um die Anwendbarkeit von DISKOVER in einem realistischen und "lebensnahen" Umfeld unter Beweis zu stellen, wurde das Verfahen bei zwei Unternehmen unterschiedlicher Branchenzugehörigkeit eingesetzt. Die Unternehmen wiesen deutliche Unterschiede hinsichtlich des Anwendungsstandes mathematisch-statistischer Dispositionsverfahren auf.

Ausgehend von den jeweiligen empirischen Verteilungen der zu untersuchenden Artikel ermittelte DISKOVER in der dargestellten Weise den Median und die vom geforderten Lieferbereitschaftsgrad abhängige obere Grenze des Konfidenzbereiches für den Median.

Die hieraus folgenden Grund- und Sicherheitsbestände für einige beispielhaft herausgegriffene Artikel sind im Anhang 8.2 dargestellt. Für das erste Unternehmen ergab sich über alle betrachteten Artikel eine mögliche Bestandssenkung von 20,8 %. Der Vergleich der durch DISKOVER ermittelten Sicherheitsbestände mit den durch das computergestützte Dispositionsverfahren des Unternehmens generierten Werten führte zu dem Ergebnis, daß diese Werte durchschnittlich um 69,23 % - 71,07 % höher lagen als die DISKOVER-Sicherheitsbestände.

Für das zweite Unternehmen ergab sich bei der Berechnung der notwendigen Bestände eine in Relation zur bisherigen Vorgehensweise des Unternehmens mögliche Reduzierung der Lagerbestände um mehr als 50 %.

Eine für mehrere Artikel durchgeführte Simulation des DISKOVER-Einsatzes im Zeitraum Januar 1989 bis Ende September 1989 bestätigte neben der zu erwarteten Bestandssenkung auch die Realisierung des geforderten Lieferbereitschaftsgrades. In Einzelfällen wären sogar bei einer Bestandsreduzierung von 78 % Lieferbereitschaftsgrade von 95,6 % realisiert worden bei einem für diesen Artikel geforderten Lieferbereitschaftsgrad von 85 %.

6. Zusammenfassung und Ausblick

Ausgangspunkt dieser Arbeit war die Darlegung der Problematik, daß die herkömmlichen Methoden zur Berechnung von notwendigen Grund- und Sicherheitsbeständen den Anforderungen der Praxis in vielerlei Hinsicht nicht im vollen Umfang gerecht werden. Daher war das Ziel dieser Arbeit die Ableitung eines Verfahrens als Beitrag für eine praxisorientierte Berechnung notwendiger Grund- und Sicherheitsbestände unter Berücksichtigung der realen Lagerabgangsverteilung.

Zunächst wurden die bei der Berechnung von Grund- und Sicherheitsbeständen eingehenden Parameter bezogen auf die Berücksichtigung realer, stetiger und diskreter Lagerabgangsverteilungen charakterisiert. Hierbei wurde die zentrale Bedeutung der Lagerabgangsverteilung in Bezug auf die möglichst exakte Ableitung notwendiger Grund- und Sicherheitsbestände deutlich.

Aufbauend auf dieser Ableitung der relevanten Parameter des Untersuchungsbereichs wurden die in der Literatur dargestellten und verwendeten Verfahren zur Berechnung notwendiger Grund- und Sicherheitsbestände diskutiert und die sich ergebenden Schwachstellen aufgezeigt.

Als Ergebnis wurde festgestellt, daß bisher ein Verfahren fehlte, das eine praxisorientierte Lagerdisposition in Hinblick auf die Höhe der notwendigen Grund- und Sicherheitsbestände unter Berücksichtigung der realen Lagerabgangsverteilung ermöglicht. Speziell die Einbindung der Wiederbeschaffungszeit in die jeweiligen Dispositionssysteme setzte bei den diskutierten Verfahren eine in der betrieblichen Praxis meist nur mit großem Aufwand realisierbare Datenstruktur voraus. Daraus resultierend wurden die Anforderungen an das zu entwickelnde Verfahren im Einzelnen formuliert und dargestellt.

Bei der Entwicklung des Verfahrens zeigte sich, daß die Verwendung des arithmetischen Mittelwertes zur Berechnung notwendiger Grundbestände für eine Zeiteinheit nicht sinnvoll erscheint.

Zunächst wurde dargelegt, daß dieser meist unabhängig von der Lagerabgangsverteilung durchgängig verwendete Punktschätzer diese in Hinblick auf eine verteilungsunabhängige Gültigkeit übergreifende Eigenschaft nicht besitzt. Weiterführend wurde dargestellt, daß prinzipiell der Median der für die betrachtete Fragestellung von verteilungsunabhängigen Grundbeständen relevante Parameter einer Verteilung ist.

Darauf aufbauend wurde ein Verfahren erarbeitet, den notwendigen Sicherheitsbestand mit Hilfe von einseitigen Konfidenzbereichen für den Median zu berechnen. Es gelang hierbei, ein Verfahren zu entwickeln, das sowohl eine praxisgerechte Berücksichtigung der tatsächlichen Lagerabgangsverteilung als auch die Angabe einer geforderten Lieferbereitschaft ermöglicht.

Vervollständigt wurde das Verfahren durch die Berücksichtigung der Wiederbeschaffungszeit auf der Grundlage einer realistischen Struktur der in den Unternehmen vorzufindenden Datenbasis.

Die Erprobung des Verfahrens erfolgte mit Hilfe des eigens hierfür erstellten Programmpaketes DISKOVER (**DIS**position mit Hilfe von **KO**nfidenzbereichen unter Berücksichtigung der tatsächlichen Lagerabgangs**VER**teilung) in zwei Unternehmen. Hierbei konnte exemplarisch die praktische Anwendung demonstriert werden.

Vor dem Hintergrund, daß die Höhe der Bestände als unverzichtbarer Parameter zur Erhaltung und Steigerung der Wettbewerbsfähigkeit von Industrieunternehmen anzusehen ist, kommt der Entwicklung ergänzender und unterstützender Maßnahmen des abgeleiteten Konzeptes entsprechende Bedeutung zu. So könnte eventuell die exakte Ableitung der Wiederbeschaffungszeit, ggf. mit Berücksichtigung von Fehlmengenlieferungen, eine Erweiterung des Konzeptes darstellen.

7. Literaturverzeichnis

ALSCHER, J.; SCHNEIDER, H.: Zur gemeinsamen Festlegung von Lieferbereitschaft, Kapitalbindung, Handling und Lagerkapazität für ein Mehrproduktlager. In: Zeitschrift für Betriebswirtschaft Wiesbaden 51(1981)2, S. 180 - 197.

ANDLER, K.: Rationalisierung der Fabrikation und optimale Losgröße. München 1929, Stuttgart Diss 1927.

ARROW, K. J.; HARRIS, T.; MARSHAK, T.: Optimal Inventory Policy In: Econometrica, Chicago 19(1951)3, S. 250 - 272.

ARROW, K. J.; KARLIN, S.; SCARF, H.: Studies in the Mathematical Theory of Inventory and Produktion. Stanford 1958.

ASSFALG, H.: Lagerhaltungsmodelle für mehrere Produkte. Meisenheim am Glan 1976.

AUTORENKOLLEKTIV: Mathematische Standardkontrolle der Operationsforschung. 2. Auflage, Berlin 1972.

BALINTFY, J. L.: On a Basic Class of Multi-item Inventory Problems. In: Management Science, Baltimore 10(1964)2, S. 287 - 297.

BAUER, H.: Wahrscheinlichkeitstheorie und Grundzüge der Maßtheorie.
3. Auflage, Berlin u.a. 1978.

BAMBERG/BAUR: Statistik.
4. überarb. Aufl., München u.a. 1985.

BELLMANN, R.; GLICKSBERG, I.; GROSS, O.: On the Optimal Inventory Equation.
In: Management Science, Baltimore 2(1955)1, S. 83 - 104.

BOSCH, K.: Elementare Einführung in die angewandte Statistik.
2. Auflage, Braunschweig 1982.

BROWN, R. G.: Statistical Forecasting for Inventory Control.
New York u.a. 1959.

BROWNLEE, K. A.: Statistical Theory an Methodology in Science and Engineering.
New York u.a 1960.

BRUNNBERG, J.: Optimale Lagerhaltung bei ungenauen Daten.
Wiesbaden 1970.

BUCHAN, J.; KOENIGSBERG, E.: Scientific Inventory Management.
Englewood Cliffs u.a. 1963.

BÜNING, H.; TRENKLER, G.: Nichtparametrische statistische Methoden.
1. Auflage. Berlin u.a. 1978.

CHUNG, K. L.: Elementare Wahrscheinlichkeitstheorie und stochastische Prozesse. Berlin u.a. 1978.

DOCUMENTA GEIGY: Wissenschaftliche Tabellen. 7. Auflage, Basel 1968.

DVORETZKY, A.; KIEFER, J.; WOLFOWITZ, J.: The Inventory Problem: I. Case of known Distribution of Demand. In: Econometrica, Chicago 20(1952)2, S. 187 - 222.

DVORETZKY, A.; KIEFER, J.; WOLFOWITZ, J.: The Inventory Problem: II. Case of unknown Distribution of Demand. In: Econometrica, Chicago 20(1952)3, S. 450 - 466.

DVORETZKY, A.; KIEFER, J.; WOLFOWITZ, J.: On the Optimal Charakter of the (s,S) Policies in Inventory Theory. In: Econometrica, Chicago 21(1953)4, S. 586 - 607.

EDGEWORTH, F. Y.: The Mathematical Theory of Banking. In: Journal of the Royal Statistical Society, London 1888, S. 113 - 127.

EISENHART, C.: Some Inventory Problems, National Bureau of Standards, Techniques of Statistical Inference, A2 (1948) 2c Lecture 1. Zitiert bei ARROW, K. J.; KARLINS, S.; SCARF, H.: Studies in the Mathematical Theory of Inventory and Produktion. Stanford 1958.

FABRYCKY, W. J.; TORGERSEN, P. E.: Operations Economy. Englewood Cliffs 1966.

FABRYCKY, W. J.; BANKS, J.: Procurement and Inventory Systems. New York u.a. 1967.

FELLER, W.: An Introduction to Probability Theory and its Applications. New York u.a. 1968.

FISZ, M.: Wahrscheinlichkeitsrechnung und Mathematische Statistik. Berlin 1976.

GIRI, N. C.: Multivariate Statistical Inference. New York u.a. 1977.

HACKSTEIN, R.: Einführung in die technische Ablauforganisation. 2., überarbeitete Auflage. München, Wien 1988. (Forschungsinstitut für Rationalisierung - FIR - Aachen).

HACKSTEIN, R.: Produktionsplanung und -steuerung (PPS). Ein Handbuch für die Betriebspraxis. 2., überarbeitete Auflage. Düsseldorf 1989. (Forschungsinstitut für Rationalisierung - FIR - Aachen).

HACKSTEIN, R.; SCHACHT,N.: Lagerhaltungs- oder belastungsorientierte Disposition bei gemischt auftragsgebundener und lagergesteuerter Teilefertigung?
In: FIR-Mitteilungen (1973)17, S. 1 -25.
(Forschungsinstitut für Rationalisierung - FIR - Aachen).

HAHN, G. J.; SHAPIRO, S. S.: Statistical Models in Engineering.
New York, u.a. 1967.

HAIGHT, A. F.: Mathematical Theories of Traffic Flow.
Stockholm 1963.

HARRIS, F.: Operations and Costs.
In: Factory Management Series
Chicago 1915, S. 48 - 52.

HARTING, D.: Bestände senken ist nicht nur mit Kanban möglich.
In: Beschaffung Aktuell,
Leifelden-Echterdingen 9(1987), S. 35 - 38.

HARTUNG, J.: Statistik : Lehr- und Handbuch der angewandten Statistik.
6. Auflage, München u.a. 1987.

HEINZ, K.: Mathematisch-statistische Untersuchungen über die Erlang-Verteilung.
Köln u.a. 1969 (= 1969a).

HEINZ, K.: Beitrag zur Anwendung von Warteschlangenmodellen beim innerbetrieblichen Transport.
Köln u.a. 1969 (= 1969b).

HICHERT, R.: Probleme der Vielfalt, Teil 3: Was bestimmt die optimale Erzeugnisvielfalt? In: wt-Zeitschrift für industrielle Fertigung, Berlin 76(1986)11, S. 673 - 677.

HINTZE, J. L.; BAUSCH, H.: NCSS 5.1 Statistik & Graphik. Handbuch. Unisoft, Augsburg o. J.

HOCHSTÄDTER, D.: Die stationäre Behandlung von Mehrproduktlagerhaltungsmodellen. In: Proceedings in Operations Research, Vorträge der Jahrestagung DGU 1971; Hrsg.: M. Henke, A. Jaeger, R. Wartmann, H. J. Zimmermann.

HOCHSTÄDTER, D.: Stochastische Lagerhaltungsmodelle. Berlin u.a. 1969.

HOLT, C. C.; MODIGLIANI, F.; MUTH, J. F., SIMON, H. A.: Planning Production, Inventories, and Work Force. Englewood cliffs u.a. 1960.

HOLZBERG, B.: Das Lagerverhalten industrieller Unternehmen. Bonn 1980.

HUNZIKER, A.: Dynamische Planung der Sicherheitsbestände in Fabrikationsanlagen. In: Industrielle Organisation Zürich 33(1964) 4, S. 162 - 169.

IGELHART, D. L.: Recent Results in Inventory Theory.
In: Journal of Industrial Engineering, Atlanta 18(1967)1, S. 48 - 51.

JANSEN, H. H.: Rationelle Lagerhaltung senkt Kosten und setzt Kapital frei.
In: Maschinenmarkt, Würzburg 90(1984)13, S. 249 - 252.

JÖHNK, M. D.; RUBOW, G.; WETZEL, W.: Stochastische Lagerbestandsplanung nach den Bestellpunktverfahren.
Würzburg 1967.

KERNLER, H.: Bis zu 80 % weniger Sicherheitsbestand.
In: Erfolg, Bad Wörrishofen 34(1985)9, S. 32 - 33.

KONEN, W.: Entwicklung und Einsatz eines kennzahlengestützten Verfahrens zur Analyse und Reorganisation von physischen Distributionssystemen. Aachen RWTH Diss. 1984.
(Forschungsinstitut für Rationalisierung - FIR - Aachen).

KOTTAS, J.; LAU, H. S.: A realistic appreach for modeling stochastic lead time distributions.
In: American Institute of Industrial Engineers Transaktions, 11(1979), S. 54 - 60.

KRAUS, TH.: Reduzierung des Umlaufvermögens durch geänderte Bestandsstrategien.
In: Werkstatt und Betrieb, München 116(1983)7, S. 431 - 436.

KRAUS, TH.: Sicherheitsbestand: Wieviel ist nicht zuviel? In: Management Zeitschrift, Zürich 58(1989)3, S. 78 - 82.

KREYSZIG, E.: Statistische Methoden und ihre Anwendung. 7. Auflage, Göttingen 1982.

KRICKEBERG, K.; ZIEZOLD, H.: Stochastische Methoden. Berlin u.a. 1977.

KUNZ, D.: Entwicklung und Erprobung einer Methode zur Bestimmung wirtschftlich strukturierter Warenverteilungssysteme. Aachen RWTH Diss. 1976. (Forschungsinstitut für Rationalisierung - FIR - Aachen).

LINDHARD, M.: Kostenoptimale Bewirtschaftungssysteme für Teilelager. In: Industrielle Organisation, Zürich 35(1966)7, S. 312 - 316.

MAC KINNON, W. J.: Table for both the sign test and distribution - free confidence intervals of the median for sample sizes to 1,000. In: Journal American Statistic Association, 59 (1964), S. 935 - 956.

MARKIEWICZ, M.: Ersatzteildisposition im Maschinenbau. Wiesbaden 1988.

MORGENSTERN, D.: Einführung in die Wahrscheinlichkeitsrechnung und Mathematische Statistik. Berlin u.a. 1964.

MÜLLER, P. H.: Lexikon der Statistik:
4. Auflage, Berlin 1983.

NADDOR, E.: Lagerhaltungssysteme.
Frankfurt/Main u.a. 1971.

PARTSCH, M.; WIEDLING, M.: Schlüssel zur besseren Wettbewerbsposition.
In: Material Management Magazin,
Düsseldorf (1988)10, S. 32 - 37.

PFANZAGL, J.: Allgemeine Methodenlehre der Statistik.
Bd.1, Berlin 1960.

PROKOROV, V. YH.: Asymptotic behavior of the binominal distribution.
In: Uspekki Mat., Nank 8, 3 (1953), S. 135 - 142.

PUTTER, J.: The Treatment of Ties in some Nonparametric Tests.
In: Annals of Mathematical Statistics, 26 (1955),
S. 368 - 386.

RUTZ, K.: Entwicklung eines Bewirtschaftungsmodells für die Berechnung von Sicherheitsbeständen bei gemischt stochastisch-deterministischen Bedarf.
Zürich ETH Diss. 1970.

SACHS, L.: Angewandte Statistik.
6. Auflage, Berlin u.a. 1984.

SCARF, H. E.; GILFORD, D. M; SHELLY, M. W.: Multistage Inventory Models and Techniques.
Stanford 1963.

SCHLESINGER, K.: Theorie der Geld- und Kreditwirtschaft. München 1914.

SCHNEEWEIß, CH.: Regelungstechnische stochastische Optimierungsverfahren. Berlin u.a. 1971.

SCHNEEWEIß, CH.: Modellierung industrieller Lagerhaltungssyssteme. Berlin u.a. 1981.

SOOM, E.: Neue Methoden der Berechnung der Sicherheitsbestände. In: Fortschrittliche Betriebsführung und Industrial Engineering, Berlin 25(1976)2 (= 1976a), S. 91 - 97.

SOOM, E.: Modelle der Materialbewirtschaftung unter besonderer Berücksichtigung von Lager-u. Kosteneinsparung. In: Quantitative Wirtschafts- und Unternehmensforschung, St. Gallen, Symposium 1979. Hrsg.: R. Henn, B. Schips, P. Stähly, Berlin 1980, S. 534 - 549.

SOOM, E.: Optimale Lagerbewirtschaftung in Industrie, Gewerbe und Handel; Schriftenreihe: Planung und Kontrolle in der Unternehmung, Bd. 6, Bern u.a. 1976 (= 1976b).

SPICHER, K.: Der SB_1-Algorithmus, eine Methode zur Beschreibung des Zusammenhangs zwischen Ziel-Lieferbereitschaft und Sicherheitsbestand. In: Zeitschrift für Operations Research, Würzburg 19(1975), S. B1 - B12.

STANGE, K.: Angewandte Statistik. Teil 1, Berlin u.a. 1970.

STANGE, K.: Angewandte Statistik. Teil 2, Berlin u.a. 1971.

STEFANIC-ALLEMEYER, K.: Die günstigste Bestellmenge beim Einkauf. In: Sparwirtschaft, Zeitschrift für wirtschaftliche Betriebe, Berlin 1927, S. 504 ff.

STEINBRÜCHEL, M.: Die Materialwirtschaft der Unternehmung. Bern 1971.

SPRING, R.: Modellvergleiche in der Lagerbewirtschaftung. St. Gallen Hochschule für Wirtschafts- und Sozialwissenschaften, Diss. 1974.

STORM, R.: Wahrscheinlichkeitsrechnung, mathematische Statistik und statistische Qualitätskontrolle. Leipzig 1988.

TEMPELMEIER, H.: Lieferzeit anstatt Fehlmenge als marketing-orientiertes Servicekriterium in der Lagerhaltungsplanung. In: ZfBF, Düsseldorf 34(1982), S. 335 - 350.

TEMPELMEIER, H.: Quantitative Marketing Logistik. Berlin 1983.

TERSINE, R. J.: Principles of Inventory and Materials Management. New York u.a. 1982.

TREUTLEIN, K.: Materialflußorientierte Termin- und Kapazitätsplanung. Ein Konzept für Serienfertiger. Aachen RWTH Diss. 1990. (Forschungsinstitut für Rationalisierung - FIR - Aachen).

UHLMANN, W.: Statistische Qualitätskontrolle. Stuttgart 1982.

UNISOFT: NCSS 5.1 - Statistik & Graphik, Handbuch zu den Statistik-Softwarepaket NCSS. Augsburg 1989.

VAN DER PARREN, J.L.: Tables for distribution - free confidence limits for the median. In: Biometrica, 57 (1970) 3, S. 613 - 617.

VEINOTT, A. F.: Optimal Policy for a Multi-Product, Dynamic, Nonstationary Inventory Problem. In: Management Science, Baltimore 12(1965)3, S. 206 - 222.

WAGNER, K.: Den Zufall planbar machen. In: Logistik Heute, München 1(1989)2, S. 34 - 36.

WAGNER, H. D.; WHITIN, T. M.: Dynamic Version of the Economic Lot-Size Model. In Management Science, Baltimore 5(1958)1, S. 89 - 96.

WHITIN, T. M.: The Theory of Inventory Management. Princeton 1957.

WHITIN, T. M.: The Theory of Inventory Management, N. Y. 1953. Investment Control and Price Theory. In: Management Science, Baltimore 2(1955)1.

WIENDAHL, H.-P.: Belastungsorientierte Fertigungssteuerung -Grundlagen, Verfahrensaufbau, Realisierung. München u.a. 1987.

WINKLER, D.: Die kurzfristige Abstimmung zwischen Produktion und Lagerung unter besonderer Berücksichtigung des Lagerbereiches. Probleme und Lösungsvorschläge. Universität Tübingen 1964.

WISSEBACH, B.: Simulation eines zyklischen Bestsellsystems mit regelungstechnischen Methoden. In: Betriebswirtschaftliche Forschung und Praxis, Herne 1983, S. 551 - 558.

ZÖFEL, P.: Statistik in der Praxis. Stuttgart 1985.

8. Anhang

8.1 Parameter von Häufigkeitsverteilungen

Ereignisse, die durch einen Zählvorgang akkumuliert und über eine Zeitachse aufgetragen werden, bilden eine Häufigkeitsverteilung. Man unterscheidet zwischen symmetrischen und schiefen sowie zwischen ein- und mehrgipfligen Häufigkeitsverteilungstypen. Sonderformen sind J- und U-förmige Verteilungen. Die Wahrscheinlichkeitsverteilung gibt entsprechend an, mit welcher Wahrscheinlichkeit die Werte der zufälligen Ereignisse angenommen werden. Diese wird durch die Verteilungsfunktion (Summenhäufigkeitsfunktion)

$$F(X) = P(X \leq x)$$

mit X als Zufallsvariable eindeutig definiert (vgl. SACHS 1984, S. 39).

Die Charakterisierung eindimensionaler Verteilungstypen kann u.a. anhand von Dispersionsparametern wie Standardabweichung und Varianz, sowie durch Lokalisationsparameter wie Mittelwert, Modus und Median erfolgen (vgl. ZÖFEL 1985, S. 35 ; MARKIEWICZ 1988, S. 56; HAHN, SHAPIRO 1967, S. 42 ff.).

Arithmetischer Mittelwert

Der arithmetische Mittelwert $\bar{x}$ besteht aus der Summe der betrachteten Werte dividiert durch deren Gesamtzahl. Er berechnet sich als (vgl. BAMBERG/BAUR 1985, S. 17):

$$\bar{x} = \left(\frac{1}{n} \right) * \left(\sum_{i=1}^{n} x_i \right)$$

Modalwert

Der Modalwert, auch als Modus, häufigster Wert oder als Dichtemittel bezeichnet, ist der in einer Verteilung am häufigsten vorkommende Wert. Er liegt, wie Abb. A-1 verdeutlicht, unter dem Gipfel einer Verteilungskurve. Modalwerte werden vornehmlich bei nominal- oder ordinalskalierten Werten verwendet (vgl. ZÖFEL 1985, S. 45).

Median

Der Median beschreibt den Punkt einer Verteilung, bei dem die eine Hälfte der nach Größe aufsteigend sortierten Meßwerte oberhalb und die andere Hälfte unterhalb dieses Punktes liegen. Mit einer ungeraden Anzahl an Meßwerten besitzt der Median den Wert eines der Beobachtungswerte. Andernfalls muß das arithmetische Mittel aus den beiden in der Mitte liegenden Werte berechnet werden, um den Median zu erhalten.

Allgemein ist der Median gegenüber Ausreißern relativ unempfindlich im Vergleich zum Mittelwert. Folgendes Beispiel von HAHN und SHAPIRO (1967, S. 37) soll das verdeutlichen:

Auf der Suche nach dem Durchschnittseinkommen einer Bevölkerung fällt das Mittel des Gesamteinkommens im Vergleich zum Median relativ hoch aus, weil das arithmetische Mittel über die Summe der Meßwerte (hier das Gesamteinkommen) berechnet wird. Der Median bezieht sich demgegenüber auf die Anzahl der Meßwerte und dürfte somit der geeignetere Repräsentant zur Beschreibung des Durchschnittseinkommens sein. Stellt man die Lokalisationsparameter in linksschiefen, symmetrischen und rechtsschiefen Verteilungen gegenüber, so wird dieser Zusammenhang verdeutlicht (vgl. Abb. A-1).

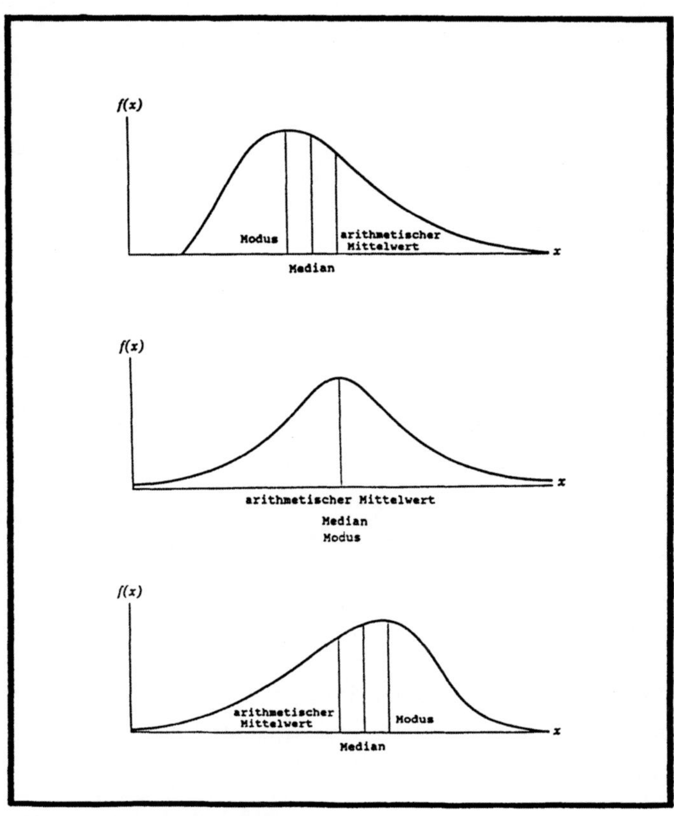

Abb. A-1: Beziehung zwischen arithmetischem Mittelwert, Median und Modus (Quelle: HAHN, SHAPIRO 1967, S. 37)

Standardabweichung

Unter der Standardabweichung s versteht man die positive Wurzel aus der Summe der quadratischen Abweichungen der betrachteten Werte vom arithmetischen Mittelwert geteilt durch die um 1 verminderte Anzahl der Werte. Je größer die Abweichung der beobachteten Werte vom Mittelwert ist, desto größer ist der Wert der Standardabweichung.

Mit den Werten $x_1, ..., x_n$ ist die Standardabweichung gegeben durch (vgl. KREYSZIG 1982, S. 38):

$$S = \sqrt{\left(\frac{1}{n-1}\right) * \sum_{i=1}^{n} (x_i - \bar{x})^2}$$

Varianz

Die Varianz oder Streuung σ^2 errechnet sich einfach als Quadrat der Standardabweichung. Die beiden Größen unterscheiden sich lediglich durch ihre Handhabbarkeit. Mit der Verwendung der Varianz vermeidet man Rechenarbeit mit Quadratwurzeln. Entgegengesetzt zur Standardabweichung unterscheiden sich hier die Dimension der Varianz mit der der betrachteten Parameter.

Schiefe

Nach MÜLLER (1983, S. 216) ist die Schiefe τ der Quotient aus der Differenz des arithmetischen Mittelwertes $\bar{x}$ und des Modalwertes M, dividiert durch die Standardabweichung s der Zufallsgröße:

$$\tau = \frac{\bar{x} - M}{S}$$

Vertrauensbereiche

Die dargestellten Parameter sind jedoch nur Schätzer für Punkte, die sogenannten Momente einer Verteilung (wie z.B. Erwartungswert μ, Varianz σ^2, etc.), die nicht bekannt sind. In diesem Zusammenhang spricht man deshalb auch von Punktschätzern. Mit jeder Schätzung verknüpft sich automatisch die Frage, wie gut die Schätzung ist, d.h. wie stark sie sich den tatsächlichen Werten annähert. Mit anderen Worten; man will wissen, wie groß die Sicherheit S bzw. die Unsicherheit oder Irrtumswahrscheinlichkeit α ist, mit der die Schätzung behaftet ist. Für beide gilt folgende Beziehung:

$$S = 1 - \alpha$$

Der Punktschätzung sollte deshalb immer eine sogenannte **Bereichsschätzung** folgen. Mit der Bereichsschätzung wird unterschieden zwischen einem Bereich einer Verteilungsfunktion mit großer Wahrscheinlichkeit und einem Bereich mit geringer Wahrscheinlichkeit des Vorkommens betrachteter stochastischer Größen. Die Wahl von S bzw. α gibt die Größe des Konfidenzintervalles (Vertrauensbereiches) an. Hierdurch wird festgelegt, wie sicher die Aussage ist, daß das Vertrauensintervall den exakten Parameter der Gesamtheit enthält. Mit einer gewählten Irrtumswahrscheinlichkeit von z.B. a = 0,05 und S = 1-0,05 = 0,95 wird in 95 % der Fälle das Konfidenzintervall den betrachteten Parameter beinhalten. SACHS (1984, S. 90) erwähnt hierzu, daß, je sicherer eine Aussage sein soll, um so kleiner ihre Irrtumswahrscheinlichkeit und um so weniger scharf dann die Aussage wird. Scharfe Aussagen sind umgekehrt mit großer Irrtumswahrscheinlichkeit behaftet.

Die Auswahl der Größe der Irrtumswahrscheinlichkeit sollte deshalb davon abhängig gemacht werden, welches Risiko einer Fehlaussage ohne Schaden in Kauf genommen werden kann.

Ein Konfidenzintervall berechnet sich für den Mittelwert $\bar{x}$ einer normalverteilten Grundgesamtheit bei bekannter Varianz σ^2 nach (vgl. SACHS 1984, S. 91):

$$P\left(\mu - z\,\frac{\sigma}{\sqrt{n}} \leq \bar{x} \leq \mu + \frac{\sigma}{\sqrt{n}}\right)$$

mit z : Anteil der Standardnormalverteilung

Die Bestimmung von Konfidenzintervallen ist nicht nur auf den Mittelwert einer Normalverteilung beschränkt. Vertrauensbereiche können für alle anderen Punktschätzungen wie Varianz, Streuung oder Median bei beliebig verteilte Grundgesamtheiten gebildet werden (vgl. BAMBERG/BAUR 1985, S. 168).

Die Größe eines Konfidenzbereichs wird durch die Wahl der Vertrauensgrenzen bestimmt. Je nach Fragestellung kommen bei eindimensionalen Verteilungsfunktionen zweiseitig und einseitig begrenzte Konfidenzbereiche zur Anwendung. Zweiseitige Intervalle sind z.B. in der technischen Fertigung gefragt, wo es darauf ankommt, Toleranzgrößen nach oben und unten abzuschätzen. Bezüglich der Lagerhaltung ist ein einseitiges Konfidenzintervall von größerem Interesse, denn unter Anwendung des Lieferbereitschaftsgrades versucht man, die Lagermenge zu bestimmen, die den zu erwartenden Verbrauch für die nächste Periode decken soll.

Verteilungstypen

Die Statistik verwendet zur Beschreibung von stochastischen Häufigkeitsverteilungen eine Vielzahl von Wahrscheinlichkeitsfunktionen. Sie dienen dazu, empirisch gewonnene Häufigkeitsverteilungen in einer theoretischen, d. h. mathematisch beschreibbaren Form abzubilden. Diese Abbildungen lassen sich in diskrete und stetige Verteilungen einteilen, je nachdem, ob die Ereignisse der entsprechenden Zufallsvariablen stetige oder diskrete Größen darstellen.

KREYSZIG (1982, S. 74) spricht von diskreten Merkmalen und Verteilungen, wenn folgende Voraussetzungen erfüllt sind:

"1. Die Variabel X kann nur endlich viele oder abzählbar unendlich viele (reelle) Werte mit positiver Wahrscheinlichkeit annehmen.

2. In jedem endlichen Intervall der reellen Zahlengeraden liegen nur endlich viele der genannten Werte. Für jedes Intervall $a < x \leq b$, das keinen solchen Wert enthält, ist die zugehörige Wahrscheinlichkeit $P(a < x \leq b)$ gleich null."

Charakteristische Beispiele hierfür sind generell alle Merkmale und deren Verteilungen, denen ein Zählvorgang zugrunde liegt, wie z.B. die Anzahl von Artikeln oder die Häufigkeit von Fehlmengen. Die Verteilungsfunktion F(x) stellt sich hier durch einfaches Aufsummieren ihrer Wahrscheinlichkeiten $f(x_i)$ als

$$F(x) = \sum f(x_i) \quad , \quad mit \; x_i \leq x$$

dar. Aufgrund der diskreten Merkmalsausprägungen (Sprungstellen) erfolgt die graphische Darstellung dieser Funktion immer in Form einer Treppenfunktion (vgl. Abb. A-2) zwischen ihren Grenzwerten 0 und 1.

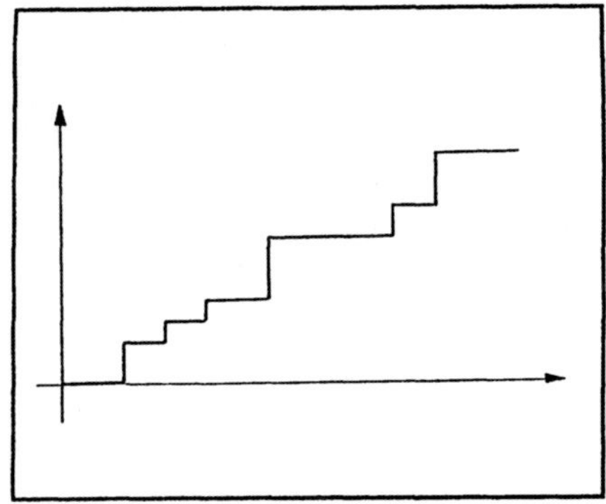

Abb. A-2: Qualitative Darstellung einer Treppenfunktion

Von stetigen Ereignissen oder Merkmalen spricht man, wenn für je zwei Merkmalsausprägungen auch Zwischenwerte realisiert werden können. Dies ist besonders dann der Fall, wenn es sich um Zeit-, Längen- oder Gewichtsmeßwerte handelt. Hierzu definiert SACHS (1984, S. 40): "Eine zufällige Variable nennen wir stetig, wenn die zugehörige Verteilungsfunktion in Integralform dargestellt werden kann. Die Werte, die die stetige Variabel annehmen kann, bilden ein Kontinuum." Somit muß gelten:

$$F(x) = \int_{-\infty}^{x} f(t)\, dt$$

Die Wahrscheinlichkeitsdichte bzw. die Dichte der Verteilung wird durch den Intergrand f beschrieben.

Die Normalverteilung

Die Normalverteilung wird als Pfeiler der mathematischen Statistik angesehen. SACHS (1984, S. 50) beschreibt sie als eine symmetrische Darstellung einer Glokkenkurve, die sich durch die Überlagerung vieler unabhängiger Zufallsvariablen ergibt. Sie ist besonders dann zu erwarten, wenn Zeit und Wachstum keine Rolle spielen und wenn die Anzahl der Ereignisse sehr groß ist. Ihre Wahrscheinlichkeitsdichte stellt sich mit der Standardnormalvariablen

$$z := \frac{x - \mu}{\sigma}$$

als

$$f(z) = \frac{e^{\frac{-z^2}{2}}}{\sqrt{2\pi}}$$

dar.

Die Normalverteilung geht historisch auf De Moivre und Laplace zurück und wurde davon unabhängig von Gauss in der Fehler- und Ausgleichsrechnung als sog. (Gauss'sches) Fehlerintegral eingeführt.

Abweichungen von der Normalverteilung werden durch Exzess und Schiefe beschrieben. Der Exzess ist Ausdruck für steilgipfligen Verlauf (positiver Exzess) oder flachgipfligen Verlauf (negativer Exzess) (vgl. SACHS 1984, S. 81 ff.) (vgl. Abb. A-3). Die Schiefe ergibt sich entweder durch einen linkssteilen Funktionsverlauf (positive Schiefe) oder durch einen rechtssteilen Funktionsverlauf (negative Schiefe) (vgl. Stange 1970, S. 88).

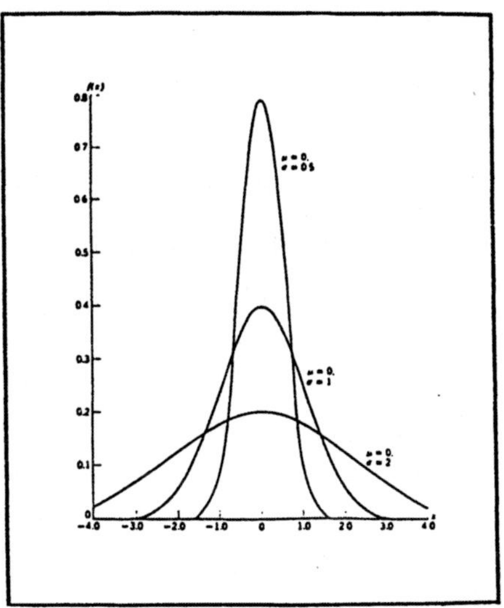

Abb. A-3: Normalverteilung mit flach- und steilgipfligen Verlauf (Quelle: HAHN, SHAPIRO 1967, S. 122)

Sämtliche anderen Verteilungen, von denen im folgenden einige beschrieben werden, unterscheiden sich von der Normalverteilung durch ihren Exzess und ihre Schiefe. In diesem Zusammenhang erlangt der durch De Moivre-Laplace abgeleitete Zentrale Grenzwertsatz seine herausragende Bedeutung und unterstreicht damit die Wichtigkeit der Normalverteilung gegenüber anderen Wahrscheinlichkeitsverteilungen. Hierzu bemerkt MÜLLER (1983, S. 331): "Der zentrale Grenzwertsatz ist von großer Bedeutung sowohl in theoretischer Hinsicht als auch im Hinblick auf praktische Anwendung, weil er sehr oft die Rechtfertigung erbringt, Zufallserscheinungen, die sich aus der Überlagerung einer Vielzahl zufälliger Einzeleffekte ergeben, durch die wohlbekannte Normalverteilung zu erfassen."

Somit gilt, daß eine Verteilung von beobachteten Zufallsvariablen unter Vergrößerung des Stichprobenumfangs gegen die Standardnormalverteilung konvergiert. Zu bemerken ist jedoch, daß die Normalverteilung hier als Approximation für eine unbekannte Verteilung dient. Jede Approximation ist jedoch fehlerbehaftet, und dieser Fehler nimmt bei sinkendem Stichprobenumfang ständig zu. Hierbei ist der notwendige Stichprobenumfang für akzeptable Genauigkeiten der Approximation von Fall zu Fall verschieden.

Logarithmische Normalverteilung

Die Funktion der logarithmischen Normalverteilung auch kurz Lognormalverteilung (vgl. Abb. A-4) genannt, ergibt sich häufig bei Zufallsgrößen, die sich multiplikativ derart beeinflussen, daß die Wirkung einer Zufallsgröße immer proportional zur vorangegangenen Größe ist. SACHS (1984, S. 86) empfiehlt die Anwendung dieser Funktion, wenn die Menge der betrachteten Merkmale einseitig beschränkt ist, d.h. wenn die beobachteten Merkmale einen bestimmten Wert nicht über- bzw. unterschreiten kann.

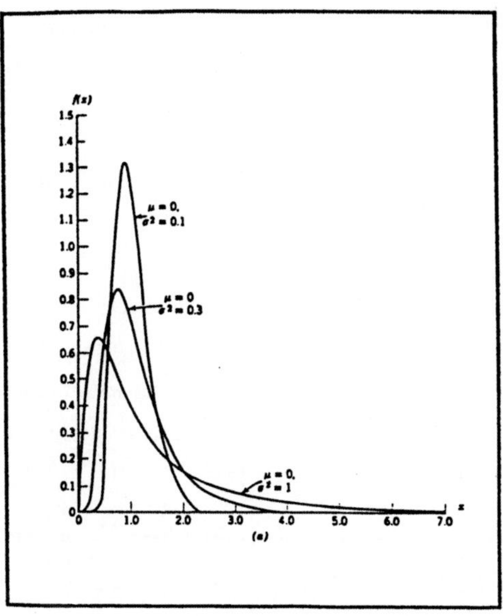

Abb. A-4: Logarithmische Normalverteilung
(Quelle: HAHN, SHAPIRO 1967, S. 126)

Die Funktion ergibt sich durch Logarithmieren der Gaußfunktion, wobei der positive Teil zwischen 0 und 1 stark gestreckt wird und dann in einen stark gestauchten Bereich übergeht. Die Funktion der logarithmischen Normalverteilung lautet (vgl. Sachs 1984, S. 87):

$$y = \frac{e^{\frac{(\ln x - \mu)^2}{2\sigma^2}}}{\sigma\, x \sqrt{2\pi}}$$

Binominalverteilung

Die Binominalverteilung, auch als Bernoulliverteilung bekannt, gibt die Wahrscheinlichkeit an, mit der bei einer gegebenen Anzahl in n Versuchen genau k Erfolgsergebnisse erzielt werden (vgl. Abb. A-5). Vorausgesetzt wird dabei, daß die

Wahrscheinlichkeit eines Ergebnisses über jeden Versuch konstant ist. Zusätzlich wird die Unabhängigkeit der Versuche und der Resultate der Versuche vorausgesetzt. Somit läßt sich die Binominalverteilung wie folgt darstellen (vgl. Kreyszig 1982, S. 109):

$$f(k) = \binom{n}{k} p^k q^{n-k}, \quad mit\ k = 0,1,...,n$$

Die Parameter der Binominalverteilung sind Erfolgswahrscheinlichkeit p (q = 1-p) und die Anzahl der Versuche n. Mit einer Erfolgswahrscheinlichkeit von p = 0,5 ergibt sich eine symmetrische Verteilung. Ist die Erfolgswahrscheinlichkeit größer oder kleiner als 0,5, erhält man eine schiefe Verteilung, deren Asymmetrie mit wachsender Versuchszahl n immer unbedeutender wird.

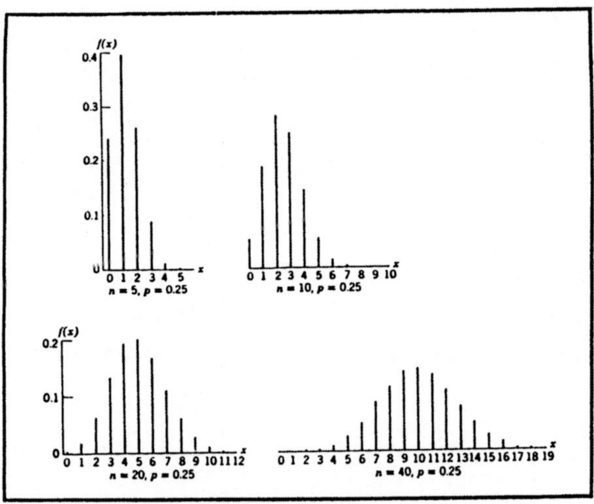

Abb. A-5: Beispiele für die Binominalverteilung mit verschiedenen n und p (Quelle: HAHN, SHAPIRO 1967, S. 164)

Poissonverteilung

Poisson leitete mit Hilfe seines Grenzwertsatzes diese Verteilung aus der Binominalverteilung her. Wie in Abb. A-6 gezeigt, handelt es sich hierbei um eine diskrete, in der Regel unsymmetrische Verteilung, mit der sich die Binominalverteilung schon bei einer geringen Stichprobenanzahl n approximieren läßt (vgl. KREYSZIG 1982, S. 116).

Zur Anwendung kommt dieser Verteilungstyp immer dann, wenn eine durchschnittliche Anzahl von Ereignissen mit einer sehr geringen Wahrscheinlichkeit aus einer großen Zahl an Ereignismöglichkeiten existiert. Der Parameter λ drückt die "Dichte" der stochastischen Ereignisse eines gegebenen Dimensionsintervalls aus und entspricht gleichzeitig dem Mittelwert und der Varianz. Mit ihm wird die Poissonverteilung vollständig charakterisiert zu (vgl. SACHS 1984, S. 143):

$$P\,(x|\lambda) = P(x) = \frac{\lambda^x\, e^{-\lambda}}{x!} > 0\;,\quad mit\;\; x = 0,1,2,...$$

Erlang-Verteilung

Die Erlang-Verteilung (vgl. Abb. A-7) läßt sich mit Hilfe der Poisson-Verteilung herleiten. Für ihre Verteilungsfunktion F(x) folgt hieraus die Gleichung (vgl. Heinz 1969a, S. 16):

$$F(t) = 1 - e^{-akt} \sum_{n=0}^{k-1} \frac{(akt)^n}{n!}$$

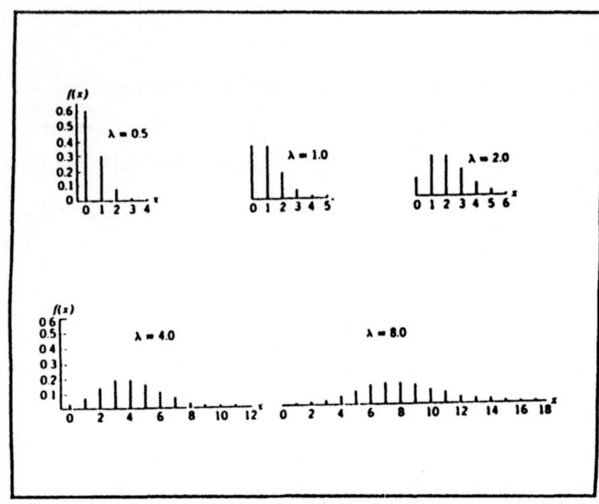

Abb. A-6: Beispiele für die Poisson-Verteilung mit verschiedenen Parametern (Quelle: HAHN, SHAPIRO 1967, S. 167)

Besonders bei Warteschlangenproblemen findet die Erlang-Verteilung ihre Anwendung, denn dort ist nicht nur die Wahrscheinlichkeit des Eintritts eines Ereignisses von Interesse, sondern auch die Wahrscheinlichkeit dafür, ob zu einem betrachteten Zeitpunkt t Zwischenankunftsphasen oder Bedienungsphasen größer als der Betrachtungszeitraum sind. Diese Wahrscheinlichkeit ergibt sich aus der Summation der Poisson-Wahrscheinlichkeiten der innerhalb des Betrachtungszeitraumes liegenden Phasen.

Hierzu führt HEINZ (1969, S. 16) aus:

"Der Wert der Verteilungsfunktion F(t) einer Erlang-Verteilung an der Stelle t entspricht dem Komplement zu eins des Wertes der Verteilungsfunktion einer Poisson-Verteilung, deren Erwartungswert (akt) (Anm. des Verf.: Es handelt sich hier um das Produkt der Parameter a, k und t) ist, an der Stelle k-1".

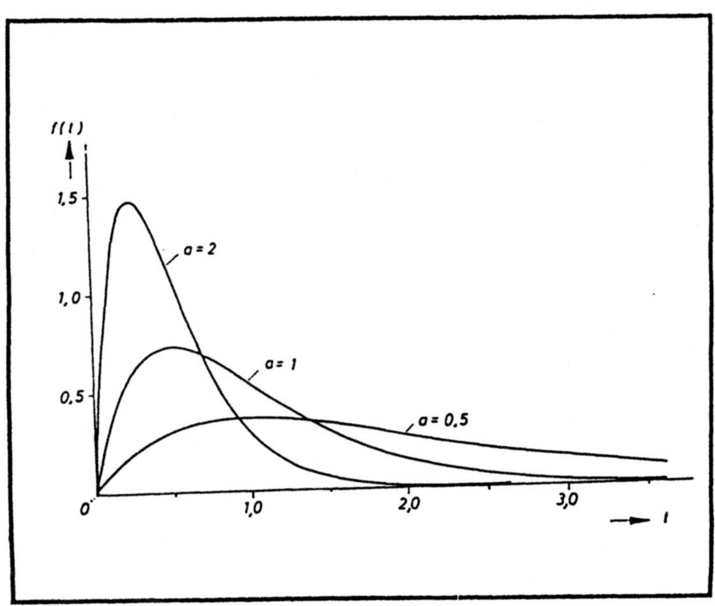

Abb. A-7: Beispiele für die Erlang-Verteilung für $\alpha = 2$ (Quelle: HEINZ 1969a, S. 46)

Exponentialverteilung

Während sich mit der Erlangverteilung durch die Wahl der Konstanten k mit $1 \leq k \leq \infty$ sämtliche Prozesse zwischen normalverteilt und regellos beschreiben lassen, stellt die Exponentialverteilung (vgl. Abb. A-8) einen Sonderfall der Erlangverteilung mit k = 1 dar. Die kummulierte Dichte der Exponentialverteilung weist deshalb eine einfache Struktur auf (vgl. HEINZ 1969b, S. 29):

$$F(t) = 1 - e^{-\alpha t}, \quad mit\ 0 \leq t \leq \infty$$

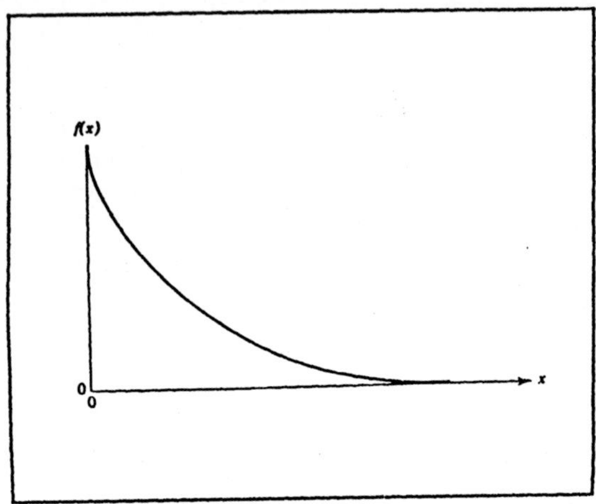

Abb. A-8: Qualitative Darstellung einer Exponentialverteilung

Die Anwendung dieser Funktion empfiehlt sich besonders bei der Beschreibung der Lebensdauer technischer Prozesse. SACHS (1984, S. 184) nennt hier z.B. die Berechnung des Umfangs der Lagerhaltung von Ersatzteilen bei Typen, deren Fertigung ausläuft. Gleichzeitig ist die Exponentialverteilung ein Spezialfall der Gammaverteilung mit t = x und k = 1 (vgl. MÜLLER 1983, S. 71).

Gammaverteilung

Die Gammaverteilung (vgl. Abb. A-9) ist eine zweiparametrige stetige Verteilung, die nur für positive Werte definiert ist. Sie erlaubt genaue Annäherungen an alle zwischen linksschief und symmetrisch liegenden Verteilungsformen. Mit der Gammafunktion:

$$T(k) = \int_0^\infty e^{-x} x^{k-1} dx$$

läßt sich die Dichtefunktion als

$$f(x) = \frac{\alpha^k}{\Gamma(k)} x^{k-1} e^{-\alpha x}, \qquad mit: \quad \begin{array}{c} x,\ k,\ \alpha \in R \\ x \geq 0 \\ \alpha,\ k > 0 \end{array}$$

darstellen. Der Mittelwert µ dieser Verteilung ist der Quotient der Parameter k und α. Die Varianz ergibt sich aus (vgl. MARKIEWICZ 1988, S. 65):

$$\sigma^2 = k - \alpha^2$$

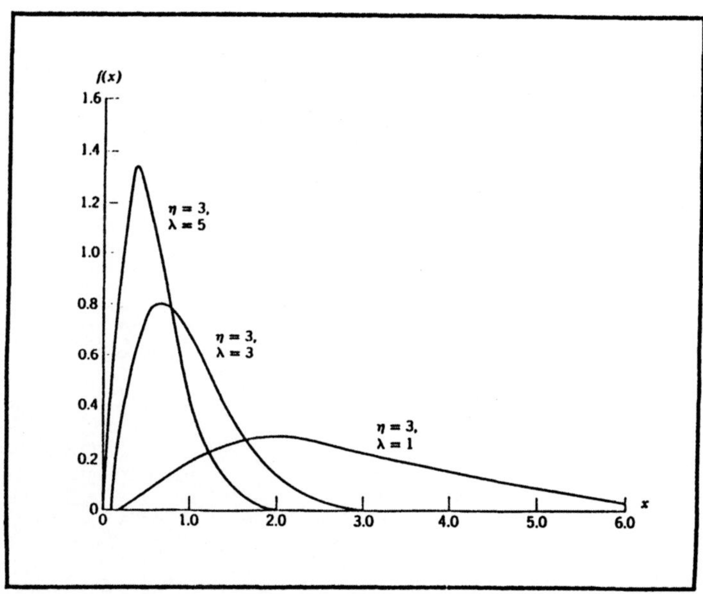

Abb. A-9: Gammaverteilung mit α = 1 und k = 3
(Quelle: HAHN, SHAPIRO 1967, S. 122)

8.2 Vollständige Ergebnisse der exemplarischen Anwendung

Artikel-nummer	Median 1988	LBG [%]	WBZ [Monate]	Verbrauch/ WBZ	Sicherheits-Bestand [St.]	Summe [St.]
A0001164	988	96%	4	3952	426,0	4378
A0001184	715	96%	4	2860	556,0	3416
A0001323	156868,5	96%	3	470606	158798,7	629405
A0001654	16,5	96%	2	33	48,8	82
A0002385	93,5	96%	3	281	740,5	1022
A0003131	22	96%	4	88	70,0	158
A0003292	20221	96%	4	80884	12156,0	93040
A0006201	9194	96%	4	36776	5342,0	42118
A0006240	45693	96%	4	182772	33440,0	216212
A0006303	36629,5	96%	3	109889	11193,4	121083
A0007188	45,5	96%	4	182	69,0	251
A0008901	30868	96%	4	123472	12570,0	136042
A0011735	2285	96%	4	9140	2674,0	11814
A0011738	5724,5	96%	4	22898	2081,0	24979
A0012810	9850	96%	4	39400	10166,0	49566
A0014247	1439,5	96%	3	4319	326,5	4646
A0015413	1833	96%	4	7332	12886,0	20218
A0015863	515	96%	4	2060	314,0	2374
A0016147	414,5	96%	4	1658	203,0	1861
A0016348	848,5	96%	4	3394	2257,0	5651
A0016421	886,5	96%	2	1773	1229,7	3003
A0016907	1713	96%	4	6852	3962,0	10814
A0016946	3968	96%	3	11904	10832,2	22737
A0016948	1434	96%	2	2868	1370,4	4239
A0017432	294,5	96%	2	589	195,9	785
⋮	⋮	⋮	⋮	⋮	⋮	⋮
A0084778	13508	96%	4	54032	17344,0	71376
A0084812	69	96%	4	276	32,0	308
A0084906	986,5	96%	4	3946	1381,0	5327
A0088515	1368,5	96%	4	5474	723,0	6197
A0088699	1272	96%	4	5088	604,0	5692
A0090129	4162	96%	4	16648	1782,0	18430
A0090137	1580	96%	4	6320	1658,0	7978
A0090138	4549,5	96%	4	18198	4143,0	22341
A0091510	1959,5	96%	4	7838	655,0	8493
A0092787	23759	96%	4	95036	39914,0	134950
A0095753	0	96%	3	0	1,7	2
A0100309	0	96%	4	0	8,0	8
A0101294	30456	96%	4	121824	11696,0	133520
A0101296	9149	96%	4	36596	11384,0	47980
A0101316	20092,5	96%	3	60278	9812,9	70091
A0102012	0	96%	3	0	0,0	0
A0108518	211	96%	2	422	46,7	469
A0108557	71,5	96%	2	143	46,0	189
A0108626	14,5	96%	2	29	7,8	37
A0108660	16,5	96%	2	33	16,3	50
A0108795	71	96%	2	142	21,2	164
A0109114	21,5	96%	2	43	2,1	46
A0109214	515,5	96%	2	1031	316,1	1347
A0109873	103,5	96%	2	207	23,3	231
A0110551	1158	96%	4	4632	1536,0	6168
A0110805	1044,5	96%	4	4178	347,0	4525
				2386772	591524	2978314

Anhang "A.5-1"-

Artikel	durchschn. Bestand (DISKOVER)	durchschn. Bestand (Untern.)	Differenz	prozentuale Abweichung
A0001164	1201	2293	-1092	-47,62
A0001184	993	445	548	123,15
A0001323	248551	329584	-81033	-24,59
A0001654	51	68	-17	-25,00
A0002385	521	543	-22	-4,05
A0003131	57	264	-207	-78,41
A0003292	26299	22196	4103	18,49
A0006201	11865	15331	-3466	-22,61
A0006240	62413	246333	-183920	-74,66
A0006303	43092	75524	-32432	-42,94
A0007188	80	142	-62	-43,66
A0008901	37153	46454	-9301	-20,02
A0011735	3622	3972	-350	-8,81
A0011738	6765	16062	-9297	-57,88
A0012810	14933	3468	11465	330,59
A0014247	1628	4574	-2946	-64,41
A0015413	8276	11368	-3092	-27,20
A0015863	672	322	350	108,70
A0016147	516	652	-136	-20,86
A0016348	1977	922	1055	114,43
A0016421	1756	4696	-2940	-62,61
A0016907	3694	8505	-4811	-56,57
A0016946	10222	13996	-3774	-26,96
A0016948	2403	1438	965	67,11
A0017432	433	621	-188	-30,27
A0017691	0	19	-19	-100,00
⋮	⋮	⋮	⋮	⋮
A0084778	22180	23067	-887	-3,85
A0084812	85	145	-60	-41,38
A0084906	1677	2590	-913	-35,25
A0088515	1730	849	881	103,77
A0088699	1574	1704	-130	-7,63
A0090129	5053	17895	-12842	-71,76
A0090137	2409	3574	-1165	-32,60
A0090138	6621	7135	-514	-7,20
A0091510	2287	4743	-2456	-51,78
A0092787	43716	22395	21321	95,20
A0095753	1	197	-196	-99,49
A0100309	4	0	4	0,00
A0101294	36304	49879	-13575	-27,22
A0101296	14841	10731	4110	38,30
A0101316	25758	20541	5217	25,40
A0102012	0	0	0	0,00
A0108518	244	216	28	12,96
A0108557	104	192	-88	-45,83
A0108626	20	34	-14	-41,18
A0108660	28	62	-34	-54,84
A0108795	86	412	-326	-79,13
A0109114	23	11	12	109,09
A0109214	739	336	403	119,94
A0109873	120	75	45	60,00
A0110551	1926	2429	-503	-20,71
A0110805	1218	1249	-31	-2,48
	-------	-------	-------	
	1016115	1283025	-266910	
		proz. Abweichung:		-20,8

- Anhang "A.5-2" -

Artikel	Sich.bestand 1 (SF = 2,35)	Sich.bestand 2 (SF = 2,50)	Sich.bestand (Winter)	Differenz 1 (SBW - SB1)	Differenz 2 (SBW - SB2)	prozentuale Abweichung 1	prozentuale Abweichung 2
A0001164	1249,1	1328,9	450,8	-798,3	-878,1	-63,91	-66,08
A0001184	1275,5	1356,9	413,4	-862,1	-943,5	-67,59	-69,53
A0001323	337523,2	359067,2	91302,6	-246220,5	-267764,6	-72,95	-74,57
A0001654	82,5	87,8	41,2	-41,3	-46,6	-50,12	-53,11
A0002385	1189,2	1265,2	573,5	-615,8	-691,7	-51,78	-54,67
A0003131	151,4	161,1	65,0	-86,4	-96,1	-57,07	-59,65
A0003292	33647,8	35795,5	12156,0	-21491,8	-23639,5	-63,87	-66,04
A0006201	17309,3	18414,2	5360,0	-11949,3	-13054,2	-69,03	-70,89
A0006240	101315,4	107782,4	16726,2	-84589,2	-91056,2	-83,49	-84,48
A0006303	44640,7	47490,1	14984,1	-29656,5	-32505,9	-66,43	-68,45
A0007188	169,4	180,2	62,2	-107,2	-118,0	-63,29	-65,49
A0008901	53698,9	57126,4	14849,2	-38849,7	-42277,2	-72,35	-74,01
A0011735	4986,7	5305,0	1545,2	-3441,5	-3759,8	-69,01	-70,87
A0011738	7242,5	7704,8	1395,6	-5846,9	-6309,2	-80,73	-81,89
A0012810	22222,4	23640,8	8469,8	-13752,6	-15171,0	-61,89	-64,17
A0014247	1179,7	1255,0	327,4	-852,4	-927,7	-72,25	-73,92
A0015413	22827,7	24284,8	1889,2	-20938,5	-22395,6	-91,72	-92,22
A0015863	904,9	962,7	314,0	-590,9	-648,7	-65,30	-67,38
A0016147	586,1	623,5	132,2	-453,9	-491,3	-77,44	-78,80
A0016348	4035,1	4292,7	1130,6	-2904,5	-3162,1	-71,98	-73,66
A0016421	2228,8	2371,1	328,1	-1900,7	-2043,0	-85,28	-86,16
A0016907	7431,7	7906,1	789,8	-6641,9	-7116,3	-89,37	-90,01
A0016946	17164,4	18260,0	3471,2	-13693,2	-14788,7	-79,78	-80,99
A0016948	2391,4	2544,0	1035,1	-1356,3	-1509,0	-56,72	-59,31
A0017432	338,9	360,5	151,5	-187,5	-209,1	-55,31	-57,99
A0017691	3,4	3,7	1,8	-1,6	-1,9	-47,76	-50,89
.	.	.	.	.	.	.	.
.	.	.	.	.	.	.	.
A0084812	140,1	149,1	27,8	-112,3	-121,3	-80,16	-81,35
A0084906	2671,5	2842,1	368,0	-2303,5	-2474,1	-86,23	-87,05
A0088515	1449,4	1541,9	473,6	-975,8	-1068,3	-67,32	-69,28
A0088699	2022,2	2151,3	857,8	-1164,4	-1293,5	-57,58	-60,13
A0090129	9723,9	10344,6	3657,6	-6066,3	-6687,0	-62,39	-64,64
A0090137	3955,8	4208,3	1918,0	-2037,8	-2290,3	-51,51	-54,42
A0090138	10769,9	11457,4	7258,0	-3511,9	-4199,4	-32,61	-36,65
A0091510	3391,8	3608,3	2345,6	-1046,2	-1262,7	-30,85	-34,99
A0092787	93001,6	98937,9	43707,2	-49294,4	-55230,7	-53,00	-55,82
A0095753	3,8	4,0	2,4	-1,4	-1,6	-36,24	-40,06
A0100309	17,1	18,1	8,8	-8,3	-9,3	-48,40	-51,50
A0101294	46273,3	49226,9	17102,2	-29171,1	-32124,7	-63,04	-65,26
A0101296	23664,6	25175,1	4670,0	-18994,6	-20505,1	-80,27	-81,45
A0101316	27654,6	29419,8	9812,9	-17841,7	-19606,9	-64,52	-66,65
A0102012	0,0	0,0	0,0	0,0	0,0	0,00	0,00
A0108518	150,5	160,1	58,7	-91,8	-101,4	-61,00	-63,34
A0108557	80,6	85,7	30,5	-50,0	-55,2	-62,10	-64,37
A0108626	14,0	14,9	4,4	-9,6	-10,5	-68,68	-70,56
A0108660	25,5	27,1	4,5	-20,9	-22,5	-82,22	-83,29
A0108795	82,1	87,3	28,1	-53,9	-59,2	-65,71	-67,77
A0109114	12,6	13,4	6,4	-6,2	-7,0	-49,36	-52,40
A0109214	1221,2	1299,2	508,3	-712,9	-790,9	-58,38	-60,88
A0109873	91,2	97,0	49,2	-42,0	-47,8	-46,04	-49,27
A0110551	2745,9	2921,2	1201,6	-1544,3	-1719,6	-56,24	-58,87
A0110805	1281,2	1362,9	415,8	-865,4	-947,1	-67,55	-69,49
	1437501,9	1529257,3	442381,0	-995120,9	-1086876,3	-69,23	-71,07

Artikel	Januar (Soll)	Januar (Ist)	Differenz (S - I)	proz. Abweichung
A0001164	1201	993	208	17,3
A0001184	993	671	322	32,4
A0001323	248551	0	248551	100,0
A0001654	51	49	2	3,9
A0002385	521	28	493	94,6
A0003131	57	20	37	64,9
A0003292	26299	20964	5335	20,3
A0006201	11865	4962	6903	58,2
A0006240	62413	34379	28034	44,9
A0006303	43092	0	43092	100,0
A0007188	80	73	7	8,8
A0008901	37153	20479	16674	44,9
A0011735	3622	2344	1278	35,3
A0011738	6765	2474	4291	63,4
A0012810	14933	9911	5022	33,6
A0014247	1628	1375	253	15,5
A0015413	8276	495	7781	94,0
A0015863	672	526	146	21,7
A0016147	516	160	356	69,0
A0016348	1977	238	1739	88,0
A0016421	1756	670	1086	61,8
A0016907	3694	720	2974	80,5
A0016946	10222	1568	8654	84,7
A0016948	2403	488	1915	79,7
A0017432	433	262	171	39,5
A0017691	0	0	0	0,0
A0019143	47	45	2	4,3
.	.	.	.	.
.	.	.	.	.
A0058060	2	5	-3	-150,0
A0059061	0	1	-1	----------
A0065762	1	0	1	100,0
A0069438	0	0	0	0,0
A0075863	2	0	2	100,0
A0084778	22180	18944	3236	14,6
A0084812	85	124	-39	-45,9
A0084906	1677	336	1341	80,0
A0088515	1730	1919	-189	-10,9
A0088699	1574	1662	-88	-5,6
A0090129	5053	6952	-1899	-37,6
A0090137	2409	2560	-151	-6,3
A0090138	6621	10851	-4230	-63,9
A0091510	2287	2036	251	11,0
A0092787	43716	96437	-52721	-120,6
A0095753	1	0	1	100,0
A0100309	4	16046	-16042	-401050,0
A0101294	36304	21564	14740	40,6
A0101296	14841	10228	4613	31,1
A0101316	25758	19389	6369	24,7
A0102012	0	0	0	0,0
A0108518	244	158	86	35,2
A0108557	104	32	72	69,2
A0108626	20	22	-2	-10,0
A0108660	28	10	18	64,3
A0108795	86	25	61	70,9
A0109114	23	20	3	13,0
A0109214	739	199	540	73,1
A0109873	120	91	29	24,2
A0110551	1926	1104	822	42,7
A0110805	1218	773	445	36,5

- Anhang "A.5-4" -

Artikel	Median [Pal.]	LBG [%]	WBZ [Tage]	Verbrauch/ WBZ	SB [Pal.]	Summe [Pal.]
001	2,22	85	2	4,44	0,30	4,73
002	2,56	85	2	5,11	0,15	5,27
003	1,49	85	5	7,47	2,19	9,66
016	1,26	85	5	6,31	0,01	6,32
018	1,41	85	2	2,82	0,21	3,02
019	1,11	85	2	2,22	0,64	2,86
020	1,18	85	2	2,36	0,05	2,41
022	5,29	85	2	10,57	0,72	11,30
030	1,47	85	5	7,34	0,89	8,23
033	1,66	85	5	8,29	0,55	8,84
035	1,25	85	5	6,26	0,18	6,44
037	1,11	85	5	5,57	1,16	6,73
042	6,45	85	2	12,90	0,29	13,19
043	1,69	85	2	3,38	0,70	4,08
048	1,79	85	5	8,97	0,41	9,37
049	4,38	85	2	8,75	0,06	8,82
051	1,46	85	15	21,85	0,56	22,41
054	1,74	85	5	8,69	0,50	9,18
055	1,61	85	6	9,69	0,36	10,05
057	1,92	85	2	3,84	0,31	4,15
058	2,57	85	5	12,84	0,18	13,02
060	1,72	85	5	8,59	0,25	8,84
062	1,25	85	5	6,25	0,27	6,51
064	4,58	85	5	22,91	0,38	23,29
065	4,74	85	6	28,43	0,87	29,30
074	1,11	85	5	5,57	0,64	6,21
075	1,63	85	12	19,58	1,44	21,02
076	2,35	85	5	11,77	2,65	14,43
080	4,24	85	2	8,49	0,00	8,49
082	3,42	85	5	17,11	2,59	19,70
083	1,59	85	5	7,93	0,66	8,58
088	1,23	85	2	2,45	0,40	2,85
089	2,64	85	2	5,29	0,55	5,84
090	3,16	85	2	6,32	0,24	6,56
091	1,03	85	2	2,07	0,65	2,72
092	2,09	85	12	25,12	2,54	27,66
095	1,53	85	12	18,41	0,79	19,20
116	2,77	85	4	11,09	0,72	11,81
119	2,01	85	4	8,05	0,58	8,64
123	1,76	85	2	3,51	0,81	4,32
197	0,76	90	5	3,81	0,05	3,86
200	0,93	90	7	6,51	0,13	6,63
201	2,23	90	5	11,14	0,42	11,56
211	2,04	90	4	8,15	0,22	8,37
212	2,14	90	5	10,68	0,39	11,08
213	2,84	90	5	14,22	0,38	14,61
220	1,43	90	5	7,16	0,26	7,42
225	3,43	90	6	20,57	0,20	20,78
234	1,66	90	5	8,32	0,33	8,65
240	1,87	90	4	7,49	0,44	7,93
241	1,51	90	3	4,52	0,08	4,61
242	1,27	90	3	3,80	0,21	4,01
243	2,52	90	8	20,13	0,30	20,43
244	1,42	90	8	11,36	0,30	11,66
246	1,60	90	3	4,79	0,16	4,95
247	0,66	90	6	3,98	0,06	4,04
249	2,33	90	5	11,65	0,61	12,26
250	2,79	90	7	19,52	0,54	20,05
255	3,21	90	7	22,49	0,55	23,04
256	2,72	90	5	13,60	0,18	13,78

- Anhang "A.5-5" -

Artikel	Median [Pal.]	LBG [%]	WBZ [Tage]	Verbrauch/ WBZ	SB [Pal.]	Summe [Pal.]
700	4,05	90	5	20,23	0,88	21,10
706	7,31	90	5	36,53	0,92	37,45
707	2,15	90	5	10,77	0,17	10,94
710	2,95	90	5	14,75	0,42	15,17
713	3,11	90	5	15,53	0,46	15,98
719	4,82	90	5	24,10	0,84	24,94
721	3,26	90	5	16,32	0,37	16,69
723	1,18	90	5	5,88	0,75	6,63
724	1,82	90	5	9,12	0,52	9,64
726	0,86	90	5	4,28	0,14	4,42
727	2,98	90	5	14,90	1,09	15,99
729	0,93	90	5	4,65	0,44	5,08
736	0,88	90	5	4,38	0,53	4,92
741	5,21	90	5	26,07	1,31	27,38
742	2,35	90	5	11,76	0,35	12,11
743	3,17	90	5	15,83	0,67	16,50
744	1,08	90	5	5,39	0,08	5,47
750	1,26	90	5	6,31	0,56	6,87
751	3,15	90	7	22,02	0,71	22,73
752	6,57	90	7	45,97	1,49	47,46
753	4,52	90	5	22,58	1,27	23,85
754	4,89	90	5	24,47	2,77	27,24
755	7,48	90	5	37,40	3,06	40,46
756	0,44	90	5	2,19	5,68	7,87
765	3,73	90	5	18,63	0,90	19,53
767	1,64	90	5	8,20	0,02	8,23
770	0,71	90	8	5,66	0,13	5,79
771	1,19	90	8	9,51	0,30	9,81
772	0,98	90	8	7,82	0,24	8,06
773	4,33	90	5	21,65	0,87	22,52
786	6,92	90	5	34,59	1,36	35,95
788	2,62	90	5	13,08	0,74	13,82
789	1,30	90	5	6,49	0,32	6,81
790	1,41	90	3	4,24	0,12	4,36
791	1,34	90	3	4,02	0,20	4,22
794	1,88	90	3	5,64	0,20	5,84
795	3,18	90	3	9,54	0,61	10,15
800	1,91	90	5	9,53	0,62	10,15
802	2,69	90	5	13,47	1,23	14,70
807	0,30	90	5	1,48	0,12	1,60
809	1,06	90	5	5,29	0,75	6,05
833	0,97	90	12	11,64	0,36	11,99
843	0,65	90	6	3,90	0,03	3,93
850	1,75	90	5	8,76	0,37	9,13
865	2,42	90	5	12,11	0,67	12,78
870	0,92	90	5	4,61	0,01	4,62
873	1,16	90	5	5,81	0,13	5,94
877	1,48	90	5	7,40	0,14	7,54
878	1,14	90	5	5,69	0,15	5,84
884	2,02	90	5	10,11	0,67	10,78
890	1,22	90	5	6,12	0,23	6,35
896	0,72	90	8	5,77	0,15	5,91
898	0,00	90	5	0,00	0,01	0,01
900	2,19	90	5	10,97	0,29	11,26
901	1,69	90	5	8,45	0,30	8,74
903	1,39	90	5	6,93	0,20	7,14
915	5,91	90	5	29,55	0,94	30,48
	--------			--------	--------	--------
Summe:	440,92			2357,10	101,76	2458,86

- Anhang "A.5-5" -

Artikel	Median [Pal.]	LBG [%]	WBZ [Tage]	Verbrauch/ WBZ	SB [Pal.]	Summe [Pal.]
001	2,22	85	2	4,44	0,30	4,73
002	2,56	85	2	5,11	0,15	5,27
003	3,12	85	5	15,61	0,51	16,12
016	1,26	85	5	6,31	0,01	6,32
018	1,41	85	2	2,82	0,21	3,02
019	1,11	85	2	2,22	0,64	2,86
020	1,18	85	2	2,36	0,05	2,41
022	5,29	85	2	10,57	0,72	11,30
030	2,31	85	5	11,56	0,58	12,14
033	1,66	85	5	8,29	0,55	8,84
035	1,58	85	5	7,92	0,26	8,18
037	1,11	85	5	5,57	1,16	6,73
042	9,32	85	2	18,64	1,64	20,28
043	1,69	85	2	3,38	0,70	4,08
048	1,79	85	5	8,97	0,41	9,37
049	4,38	85	2	8,75	0,06	8,82
051	1,46	85	15	21,85	0,56	22,41
054	2,06	85	5	10,29	0,14	10,43
055	1,48	85	6	8,86	0,47	9,33
057	1,92	85	2	3,84	0,31	4,15
058	2,57	85	5	12,84	0,18	13,02
060	1,72	85	5	8,59	0,25	8,84
062	1,25	85	5	6,25	0,27	6,51
064	4,58	85	5	22,91	0,38	23,29
065	4,74	85	6	28,43	0,87	29,30
074	2,02	85	5	10,09	0,34	10,43
075	2,55	85	12	30,55	0,69	31,24
076	4,52	85	5	22,59	1,64	24,23
080	4,24	85	2	8,49	0,00	8,49
082	6,04	85	5	30,22	0,67	30,89
083	3,47	85	5	17,36	0,71	18,07
088	1,23	85	2	2,45	0,40	2,85
089	4,01	85	2	8,03	0,36	8,38
090	4,74	85	2	9,48	0,11	9,58
091	2,15	85	2	4,30	0,27	4,57
092	3,81	85	12	45,76	0,95	46,70
095	2,13	85	12	25,52	0,26	25,78
116	2,77	85	4	11,09	0,72	11,81
119	2,01	85	4	8,05	0,58	8,64
123	3,49	85	2	6,98	1,45	8,43
197	0,76	90	5	3,81	0,05	3,86
200	0,93	90	7	6,51	0,13	6,63
201	2,23	90	5	11,14	0,42	11,56
211	2,04	90	4	8,15	0,22	8,37
212	2,14	90	5	10,68	0,39	11,08
213	2,84	90	5	14,22	0,38	14,61
220	1,43	90	5	7,16	0,26	7,42
225	3,43	90	6	20,57	0,20	20,78
234	1,66	90	5	8,32	0,33	8,65
240	1,87	90	4	7,49	0,44	7,93
241	1,51	90	3	4,52	0,08	4,61
242	1,27	90	3	3,80	0,21	4,01
243	2,52	90	8	20,13	0,30	20,43
244	1,42	90	8	11,36	0,30	11,66
246	1,60	90	3	4,79	0,16	4,95
247	0,66	90	6	3,98	0,06	4,04
249	2,33	90	5	11,65	0,61	12,26
250	2,79	90	7	19,52	0,54	20,05
255	3,21	90	7	22,49	0,55	23,04
256	2,72	90	5	13,60	0,18	13,78

- Anhang "A.5-6" -

Artikel	Median [Pal.]	LBG [%]	WBZ [Tage]	Verbrauch/ WBZ	SB [Pal.]	Summe [Pal.]
700	2,89	90	5	14,47	0,97	15,44
706	7,31	90	5	36,53	0,92	37,45
707	2,15	90	5	10,77	0,17	10,94
710	2,95	90	5	14,75	0,42	15,17
713	3,11	90	5	15,53	0,46	15,98
719	4,82	90	5	24,10	0,84	24,94
721	2,28	90	5	11,40	0,53	11,93
723	0,78	90	5	3,92	0,34	4,26
724	1,82	90	5	9,12	0,52	9,64
726	0,86	90	5	4,28	0,14	4,42
727	2,47	90	5	12,37	0,39	12,75
729	0,93	90	5	4,65	0,44	5,08
736	0,68	90	5	3,40	0,24	3,64
741	3,61	90	5	18,03	1,18	19,21
742	2,35	90	5	11,76	0,35	12,11
743	3,17	90	5	15,83	0,67	16,50
744	1,08	90	5	5,39	0,08	5,47
750	1,26	90	5	6,31	0,56	6,87
751	3,15	90	7	22,02	0,71	22,73
752	4,58	90	7	32,08	1,55	33,63
753	3,52	90	5	17,61	0,84	18,45
754	2,02	90	5	10,10	0,43	10,54
755	7,48	90	5	37,40	3,06	40,46
756	0,00	90	5	0,00	0,16	0,16
765	3,73	90	5	18,63	0,90	19,53
767	1,64	90	5	8,20	0,02	8,23
770	0,51	90	8	4,08	0,08	4,16
771	1,19	90	8	9,51	0,30	9,81
772	0,98	90	8	7,82	0,24	8,06
773	4,33	90	5	21,65	0,87	22,52
786	6,92	90	5	34,59	1,36	35,95
788	2,36	90	5	11,81	0,66	12,47
789	1,05	90	5	5,26	0,18	5,44
790	1,41	90	3	4,24	0,12	4,36
791	1,34	90	3	4,02	0,20	4,22
794	1,88	90	3	5,64	0,20	5,84
795	2,35	90	3	7,06	0,48	7,54
800	1,91	90	5	9,53	0,62	10,15
802	2,69	90	5	13,47	1,23	14,70
807	0,30	90	5	1,48	0,12	1,60
809	0,83	90	5	4,15	0,19	4,35
833	0,97	90	12	11,64	0,36	11,99
843	0,65	90	6	3,90	0,03	3,93
850	1,75	90	5	8,76	0,37	9,13
865	2,42	90	5	12,11	0,67	12,78
870	0,92	90	5	4,61	0,01	4,62
873	1,16	90	5	5,81	0,13	5,94
877	1,48	90	5	7,40	0,14	7,54
878	1,14	90	5	5,69	0,15	5,84
884	2,02	90	5	10,11	0,67	10,78
890	1,12	90	5	5,58	0,14	5,73
896	0,72	90	8	5,77	0,15	5,91
898	0,00	90	5	0,00	0,01	0,01
900	2,19	90	5	10,97	0,29	11,26
901	1,69	90	5	8,45	0,30	8,74
903	1,19	90	5	5,96	0,24	6,20
915	4,99	90	5	24,93	0,57	25,50
Summe:	445,50			2362,52	79,89	2442,41

- Anhang "A.5-6" -

Artikel	Median [Pal.]	LBG [%]	WBZ [Tage]	Verbrauch/ WBZ	SB [Pal.]	Summe [Pal.]
001	2,22	85	2	4,44	0,45	4,88
002	2,56	85	2	5,11	0,27	5,39
003	0,77	85	5	3,83	0,24	4,07
016	1,26	85	5	6,31	0,30	6,61
018	1,41	85	2	2,82	0,49	3,31
019	1,11	85	2	2,22	0,83	3,05
020	1,18	85	2	2,36	0,09	2,45
022	5,29	85	2	10,57	1,29	11,86
030	1,19	85	5	5,96	0,21	6,17
033	1,66	85	5	8,29	0,76	9,05
035	1,00	85	5	4,98	0,23	5,21
037	1,11	85	5	5,57	2,04	7,61
042	4,91	85	2	9,81	0,54	10,35
043	1,69	85	2	3,38	1,04	4,43
048	1,79	85	5	8,97	0,70	9,67
049	4,38	85	2	8,75	0,39	9,14
051	1,46	85	15	21,85	1,12	22,97
054	0,58	85	5	2,89	0,13	3,03
055	3,04	85	6	18,24	2,56	20,80
057	1,92	85	2	3,84	0,53	4,37
058	2,57	85	5	12,84	0,42	13,25
060	1,72	85	5	8,59	0,55	9,14
062	1,25	85	5	6,25	0,38	6,63
064	4,58	85	5	22,91	0,43	23,34
065	4,74	85	6	28,43	1,29	29,72
074	0,92	85	5	4,61	0,12	4,74
075	1,25	85	12	14,98	0,30	15,28
076	1,82	85	5	9,08	0,31	9,40
080	4,24	85	2	8,49	0,77	9,25
082	2,71	85	5	13,57	0,43	14,00
083	1,37	85	5	6,84	0,17	7,01
088	1,23	85	2	2,45	0,51	2,97
089	2,24	85	2	4,48	0,08	4,56
090	2,74	85	2	5,47	0,14	5,61
091	0,79	85	2	1,58	0,12	1,70
092	1,75	85	12	21,00	0,31	21,31
095	0,93	85	12	11,12	0,40	11,51
116	2,77	85	4	11,09	1,10	12,19
119	2,01	85	4	8,05	0,83	8,88
123	1,43	85	2	2,86	0,07	2,93
197	0,76	90	5	3,81	0,08	3,89
200	0,93	90	7	6,51	0,15	6,65
201	2,23	90	5	11,14	0,53	11,67
211	2,04	90	4	8,15	0,25	8,40
212	2,14	90	5	10,68	0,52	11,20
213	2,84	90	5	14,22	0,85	15,07
220	1,43	90	5	7,16	0,38	7,55
225	3,43	90	6	20,57	0,72	21,30
234	1,66	90	5	8,32	0,41	8,73
240	1,87	90	4	7,49	0,79	8,28
241	1,51	90	3	4,52	0,09	4,61
242	1,27	90	3	3,80	0,25	4,06
243	2,52	90	8	20,13	0,50	20,63
244	1,42	90	8	11,36	0,31	11,67
246	1,60	90	3	4,79	0,29	5,07
247	0,66	90	6	3,98	0,11	4,10
249	2,33	90	5	11,65	0,66	12,31
250	2,79	90	7	19,52	0,67	20,18
255	3,21	90	7	22,49	0,94	23,43
256	2,72	90	5	13,60	0,18	13,78

- Anhang "A.5-7" -

Artikel	Median [Pal.]	LBG [%]	WBZ [Tage]	Verbrauch/ WBZ	SB [Pal.]	Summe [Pal.]
700	4,61	90	5	23,06	0,43	23,49
706	7,31	90	5	36,53	1,72	38,25
707	2,15	90	5	10,77	0,38	11,15
710	2,95	90	5	14,75	0,47	15,22
713	3,11	90	5	15,53	0,65	16,17
719	4,82	90	5	24,10	0,94	25,04
721	3,91	90	5	19,53	1,00	20,53
723	1,77	90	5	8,86	0,18	9,04
724	1,82	90	5	9,12	0,62	9,74
726	0,86	90	5	4,28	0,24	4,52
727	3,86	90	5	19,31	0,68	19,98
729	0,93	90	5	4,65	0,59	5,24
736	1,39	90	5	6,96	0,31	7,26
741	6,12	90	5	30,60	0,40	31,00
742	2,35	90	5	11,76	0,64	12,40
743	3,17	90	5	15,83	0,69	16,52
744	1,08	90	5	5,39	0,35	5,74
750	1,26	90	5	6,31	0,70	7,01
751	3,15	90	7	22,02	0,75	22,77
752	7,96	90	7	55,74	1,64	57,37
753	5,52	90	5	27,60	1,51	29,10
754	8,22	90	5	41,11	1,32	42,43
755	7,48	90	5	37,40	3,24	40,64
756	5,37	90	5	26,85	1,97	28,82
765	3,73	90	5	18,63	1,21	19,83
767	1,64	90	5	8,20	0,10	8,30
770	0,87	90	8	7,00	0,23	7,23
771	1,19	90	8	9,51	0,41	9,92
772	0,98	90	8	7,82	0,46	8,28
773	4,33	90	5	21,65	1,08	22,74
786	6,92	90	5	34,59	1,57	36,15
788	5,14	90	5	25,72	1,34	27,06
789	1,65	90	5	8,25	0,65	8,90
790	1,41	90	3	4,24	0,17	4,41
791	1,34	90	3	4,02	0,32	4,34
794	1,88	90	3	5,64	0,32	5,96
795	3,82	90	3	11,45	0,58	12,03
800	1,91	90	5	9,53	0,68	10,20
803	2,69	90	5	13,47	1,51	14,97
807	0,30	90	5	1,48	0,14	1,61
809	1,94	90	5	9,71	0,78	10,48
833	0,97	90	12	11,64	0,57	12,21
843	0,65	90	6	3,90	0,05	3,95
850	1,75	90	5	8,76	0,47	9,23
865	2,42	90	5	12,11	0,98	13,09
870	0,92	90	5	4,61	0,08	4,69
873	1,16	90	5	5,81	0,16	5,97
877	1,48	90	5	7,40	0,25	7,65
878	1,14	90	5	5,69	0,17	5,86
884	2,02	90	5	10,11	0,75	10,86
890	2,72	90	5	13,59	0,47	14,06
896	0,72	90	8	5,77	0,17	5,94
898	0,00	90	5	0,00	0,06	0,06
900	2,19	90	5	10,97	0,52	11,49
901	1,69	90	5	8,45	0,35	8,79
903	2,72	90	5	13,59	0,52	14,10
915	7,68	90	5	38,40	0,59	38,99
Summe:	462,45			2479,09	111,78	2590,87

- Anhang "A.5-7" -

8.3 Tabellen

n	95.5	96.0	96.5	97.0	97.5	98.0	98.5	99.0	99.1
	Lieferbereitschaftsgrad (%)								
1	1	1	1	1	1	1	1	1	1
2	2	2	2	2	2	2	2	2	2
3	3	3	3	3	3	3	3	3	3
4	4	4	4	4	4	4	4	4	4
5	5	5	5	5	5	5	5	5	5
6	6	6	6	6	6	6	6	6	6
7	7	7	7	7	7	7	7	7	7
8	7	7	8	8	8	8	8	8	8
9	8	8	8	8	8	9	9	9	9
10	9	9	9	9	9	9	9	10	10
11	9	9	10	10	10	10	10	10	10
12	10	10	10	10	10	11	11	11	11
13	11	11	11	11	11	11	11	12	12
14	11	11	11	12	12	12	12	12	12
15	12	12	12	12	12	12	13	13	13
16	12	13	13	13	13	13	13	14	14
17	13	13	13	13	14	14	14	14	14
18	14	14	14	14	14	14	15	15	15
19	14	14	14	15	15	15	15	16	16
20	15	15	15	15	15	16	16	16	16
21	15	16	16	16	16	16	16	17	17
22	16	16	16	16	17	17	17	17	18
23	17	17	17	17	17	17	18	18	18
24	17	17	17	18	18	18	18	19	19
25	18	18	18	18	18	19	19	19	19
26	18	18	19	19	19	19	20	20	20
27	19	19	19	19	20	20	20	21	21
28	19	20	20	20	20	20	21	21	21
29	20	20	20	21	21	21	21	22	22
30	21	21	21	21	21	22	22	22	22
31	21	21	22	22	22	22	23	23	23
32	22	22	22	22	23	23	23	24	24
33	22	23	23	23	23	23	24	24	24
34	23	23	23	23	24	24	24	25	25
35	24	24	24	24	24	25	25	25	25
36	24	24	24	25	25	25	26	26	26
37	25	25	25	25	25	26	26	27	27
38	25	25	26	26	26	26	27	27	27
39	26	26	26	26	27	27	27	28	28
40	26	27	27	27	27	27	28	28	28
41	27	27	27	28	28	28	28	29	29
42	27	28	28	28	28	29	29	30	30
43	28	28	28	29	29	29	30	30	30
44	29	29	29	29	30	30	30	31	31
45	29	29	30	30	30	30	31	31	31
46	30	30	30	30	31	31	31	32	32
47	30	31	31	31	31	32	32	32	33
48	31	31	31	32	32	32	33	33	33
49	31	[illegible]	32	32	32	33	33	34	34
50	32	32	32	33	33	33	34	34	34
51	33	33	33	33	33	34	34	35	35
52	33	33	34	34	34	34	35	35	36
53	34	34	34	34	35	35	35	36	36
54	34	34	35	35	35	36	36	37	37
55	35	35	35	35	36	36	37	37	37
56	35	36	36	36	36	37	37	38	38
57	36	36	36	37	37	37	38	38	38
58	36	37	37	37	37	38	38	39	39
59	37	37	37	38	38	38	39	39	40
60	38	38	38	38	39	39	39	40	40
61	38	38	39	39	39	40	40	41	41
62	39	39	39	39	40	40	41	41	41
63	39	39	40	40	40	41	41	42	42
64	40	40	40	41	41	41	42	42	42
65	40	41	41	41	41	42	42	43	43
66	41	41	41	42	42	42	43	43	44
67	41	42	42	42	43	43	43	44	44
68	42	42	42	43	43	43	44	45	45
69	43	43	43	43	44	44	45	45	45
70	43	43	44	44	44	45	45	46	46
71	44	44	44	44	45	45	46	46	46
72	44	44	45	45	45	46	46	47	47
73	45	45	45	46	46	46	47	47	48
74	45	46	46	46	46	47	47	48	48
75	46	46	46	47	47	47	48	49	49
76	46	47	47	47	48	48	48	49	49
77	47	47	47	48	48	49	49	50	50
78	47	48	48	48	49	49	50	50	50
79	48	48	49	49	49	50	50	51	51
80	49	49	49	49	50	50	51	51	52

n	Lieferbereitschaftsgrad (%)								
	95.5	96.0	96.5	97.0	97.5	98.0	98.5	99.0	99.1
81	49	49	50	50	50	51	51	52	52
82	50	50	50	51	51	51	52	53	53
83	50	50	51	51	51	52	52	53	53
84	51	51	51	52	52	52	53	54	54
85	51	52	52	52	53	53	54	54	54
86	52	52	52	53	53	54	54	55	55
87	52	53	53	53	54	54	55	55	56
88	53	53	53	54	54	55	55	56	56
89	53	54	54	54	55	55	56	56	57
90	54	54	55	55	55	56	56	57	57
91	55	55	55	55	56	56	57	58	58
92	55	55	56	56	56	57	57	58	58
93	56	56	56	57	57	57	58	59	59
94	56	56	57	57	58	58	59	59	59
95	57	57	57	58	58	59	59	60	60
96	57	58	58	58	59	59	60	60	61
97	58	58	58	59	59	60	60	61	61
98	58	59	59	59	60	60	61	62	62
99	59	59	60	60	60	61	61	62	62
100	59	60	60	60	61	61	62	63	63
101	60	60	61	61	61	62	62	63	63
102	61	61	61	61	62	62	63	64	64
103	61	61	62	62	62	63	64	64	65
104	62	62	62	63	63	63	64	65	65
105	62	62	63	63	64	64	65	65	66
106	63	63	63	64	64	65	65	66	66
107	63	64	64	64	65	65	66	67	67
108	64	64	64	65	65	66	66	67	67
109	64	65	65	65	66	66	67	68	68
110	65	65	66	66	66	67	67	68	68
111	65	66	66	66	67	67	68	69	69
112	66	66	67	67	67	68	68	69	70
113	67	67	67	67	68	68	69	70	70
114	67	67	68	68	68	69	70	70	71
115	68	68	68	69	69	70	70	71	71
116	68	68	69	69	70	70	71	72	72
117	69	69	69	70	70	71	71	72	72
118	69	70	70	70	71	71	72	73	73
119	70	70	70	71	71	72	72	73	73
120	70	71	71	71	72	72	73	74	74
121	71	71	71	72	72	73	73	74	75
122	71	72	72	72	73	73	74	75	75
123	72	72	73	73	73	74	75	75	76
124	72	73	73	73	74	74	75	76	76
125	73	73	74	74	74	75	76	77	77
126	74	74	74	75	75	76	76	77	77
127	74	74	75	75	76	76	77	78	78
128	75	75	75	76	76	77	77	78	78
129	75	75	76	76	77	77	78	79	79
130	76	76	76	77	77	78	78	79	79
131	76	77	77	77	78	78	79	80	80
132	77	77	77	78	78	79	79	80	81
133	77	78	78	78	79	79	80	81	81
134	78	78	78	79	79	80	81	81	82
135	78	79	79	79	80	80	81	82	82
136	79	79	80	80	80	81	82	83	83
137	79	80	80	81	81	82	82	83	83
138	80	80	81	81	82	82	83	84	84
139	80	81	81	82	82	83	83	84	84
140	81	81	82	82	83	83	84	85	85
141	82	82	82	83	83	84	84	85	86
142	82	82	83	83	84	84	85	86	86
143	83	83	83	84	84	85	85	86	87
144	83	84	84	84	85	85	86	87	87
145	84	84	84	85	85	86	87	88	88
146	84	85	85	85	86	86	87	88	88
147	85	85	85	86	86	87	88	89	89
148	85	86	86	86	87	87	88	89	89
149	86	86	87	87	87	88	89	90	90
150	86	87	87	88	88	89	89	90	90
151	87	87	88	88	89	89	90	91	91
152	87	88	88	89	89	90	90	91	92
153	88	88	89	89	90	90	91	92	92
154	89	89	89	90	90	91	91	92	93
155	89	89	90	90	91	91	92	93	93
156	90	90	90	91	91	92	93	94	94
157	90	90	91	91	92	92	93	94	94
158	91	91	91	92	92	93	94	95	95
159	91	92	92	92	93	93	94	95	95
160	92	92	92	93	93	94	95	96	96

n	Lieferbereitschaftsgrad (%)								
	95.5	96.0	96.5	97.0	97.5	98.0	98.5	99.0	99.1
161	92	93	93	93	94	95	95	96	97
162	93	93	94	94	94	95	96	97	97
163	93	94	94	95	95	96	96	97	98
164	94	94	95	95	96	96	97	98	98
165	94	95	95	96	96	97	97	98	99
166	95	95	96	96	97	97	98	99	99
167	95	96	96	97	97	98	99	100	100
168	96	96	97	97	98	98	99	100	100
169	97	97	97	98	98	99	100	101	101
170	97	97	98	98	99	99	100	101	101
171	98	98	98	99	99	100	101	102	102
172	98	98	99	99	100	100	101	102	103
173	99	99	99	100	100	101	102	103	103
174	99	100	100	100	101	102	102	103	104
175	100	100	100	101	101	102	103	104	104
176	100	101	101	101	102	103	103	104	105
177	101	101	102	102	103	103	104	105	105
178	101	102	102	103	103	104	104	106	106
179	102	102	103	103	104	104	105	106	106
180	102	103	103	104	104	105	106	107	107
181	103	103	104	104	105	105	106	107	107
182	103	104	104	105	105	106	107	108	108
183	104	104	105	105	106	106	107	108	109
184	104	105	105	106	106	107	108	109	109
185	105	105	106	106	107	107	108	109	110
186	106	106	106	107	107	108	109	110	110
187	106	106	107	107	108	109	109	110	111
188	107	107	107	108	108	109	110	111	111
189	107	108	108	108	109	110	110	111	112
190	108	108	108	109	110	110	111	112	112
191	108	109	109	109	110	111	111	113	113
192	109	109	110	110	111	111	112	113	113
193	109	110	110	111	111	112	113	114	114
194	110	110	111	111	112	112	113	114	114
195	110	111	111	112	112	113	114	115	115
196	111	111	112	112	113	113	114	115	116
197	111	112	112	113	113	114	115	116	116
198	112	112	113	113	114	114	115	116	117
199	112	113	113	114	114	115	116	117	117
200	113	113	114	114	115	116	116	117	118
201	114	114	114	115	115	116	117	118	118
202	114	114	115	115	116	117	117	119	119
203	115	115	115	116	116	117	118	119	119
204	115	116	116	116	117	118	118	120	120
205	116	116	116	117	118	118	119	120	120
206	116	117	117	117	118	119	120	121	121
207	117	117	118	118	119	119	120	121	122
208	117	118	118	119	119	120	121	122	122
209	118	118	119	119	120	120	121	122	123
210	118	119	119	120	120	121	122	123	123
211	119	119	120	120	121	121	122	123	124
212	119	120	120	121	121	122	123	124	124
213	120	120	121	121	122	122	123	124	125
214	120	121	121	122	122	123	124	125	125
215	121	121	122	122	123	124	124	126	126
216	121	122	122	123	123	124	125	126	126
217	122	122	123	123	124	125	125	127	127
218	123	123	123	124	124	125	126	127	127
219	123	123	124	124	125	126	127	128	128
220	124	124	124	125	126	126	127	128	129
221	124	125	125	125	126	127	128	129	129
222	125	125	125	126	127	127	128	129	130
223	125	126	126	127	127	128	129	130	130
224	126	126	127	127	128	128	129	130	131
225	126	127	127	128	128	129	130	131	131
226	127	127	128	128	129	129	130	131	132
227	127	128	128	129	129	130	131	132	132
228	128	128	129	129	130	131	131	133	133
229	128	129	129	130	130	131	132	133	133
230	129	129	130	130	131	132	132	134	134
231	129	130	130	131	131	132	133	134	134
232	130	130	131	131	132	133	134	135	135
233	130	131	131	132	132	133	134	135	136
234	131	131	132	132	133	134	135	136	136
235	131	132	132	133	134	134	135	136	137
236	132	132	133	133	134	135	136	137	137
237	133	133	133	134	135	135	136	137	138
238	133	134	134	135	135	136	137	138	138
239	134	134	135	135	136	136	137	138	139
240	134	135	135	136	136	137	138	139	139

FIR + IAW
Forschung für die Praxis

Berichte aus dem Forschungsinstitut für Rationalisierung (FIR), Aachen, und dem Lehrstuhl und Institut für Arbeitswissenschaft (IAW) der Rheinisch-Westfälischen Technischen Hochschule Aachen.

Herausgeber: Univ.-Prof. Dr.-Ing. R. Hackstein

1 **Qualitätszirkel und andere Gruppenaktivitäten**
Von F. J. Heeg. ISBN 3-540-15498-1.
1985, 232 Seiten mit 45 Abbildungen und 17 Tabellen — 68,- DM

2 **Planung und Auslegung von Palettenlagern**
Von P. Bauer. ISBN 3-540-15499-X.
1985, 148 Seiten mit 42 Abbildungen und 8 Tabellen — 68,- DM

3 **Kennzahlen in der Distribution**
Von W. Konen. ISBN 3-540-15624-0.
1985, 150 Seiten mit 9 Abbildungen und 7 Tabellen — 68,- DM

4 **Personalbedarf der Arbeitsplanung**
Von P. Bresser. ISBN 3-540-15625-9.
1985, 179 Seiten mit 65 Abbildungen und 6 Tabellen — 68,- DM

5 **Analyse und Grobprojektierung von Logistik-Informationssystemen**
Von O. Gast. ISBN 3-540-15626-7.
1985, 187 Seiten mit 68 Abbildungen und 20 Tabellen — 68,- DM

6 **Flexibilität in der Fertigung**
Von R. Grob. ISBN 3-540-16159-7.
1986, 158 Seiten mit 25 Abbildungen und 20 Tabellen — 68,- DM

7 **Rechnergestützte Planung von Durchlaufregallagern**
Von E.-J. Ribbert. ISBN 3-540-16160-0.
1986, 154 Seiten mit 30 Abbildungen und 7 Tabellen — 68,- DM

8 **Wirtschaftliche Arbeitsplanung in der Instandhaltung**
Von W. Jütting. ISBN 3-540-16701-3.
1986, 145 Seiten mit 40 Abbildungen — 68,- DM

9 **Planung des Personalbedarfs in indirekten Bereichen**
Von K. Hemmers. ISBN 3-540-16702-1.
1986, 149 Seiten mit 73 Abbildungen — 68,- DM

10 **Organisatorische Gestaltung einer zentralen Werkstattsteuerung**
Von M. Strack. ISBN 3-540-17570-9.
1987, 150 Seiten mit 48 Abbildungen 68,- DM

11 **Planzeiten für Konstruktion und Arbeitsplanung**
Von K.-G. Konrad. ISBN 3-540-18040-0.
1987, 151 Seiten mit 49 Abbildungen 68,- DM

12 **Integrierte Produktionsplanung**
Von E. Gillessen. ISBN 3-540-18614-X.
1988, 149 Seiten mit 45 Abbildungen 68,- DM

13 **Einführung von Informations- und Kommunikationstechnologie**
Von R. Junker. ISBN 3-540-18845-2
1988, 157 Seiten mit 26 Abbildungen und 42 Tabellen 68,- DM

14 **Personal Computer in kleinen Produktionsunternehmen**
Von H. Hoff. ISBN 3-540-19407-X.
1988, 158 Seiten mit 64 Abbildungen 68,- DM

15 **Betriebsdatenerfassung in Konstruktion und Arbeitsplanung**
Von M. Virnich. ISBN 3-540-19408-8.
1988, 194 Seiten mit 50 Abbildungen 68,- DM

16 **Informationswesen in der Instandhaltung**
Von W. Klein. ISBN 3-540-50177-0.
1988, 152 Seiten mit 61 Abbildungen 68,- DM

17 **EDV-gestützte Instandhaltung**
Von J. Weingärtner. ISBN 3-540-50178-9.
1988, 171 Seiten mit 52 Abbildungen 68,- DM

18 **Termin- und Kapazitätsplanung der Arbeitsplanung**
Von G. Steger. ISBN 3-540-50179-7.
1988, 195 Seiten mit 99 Abbildungen 68,- DM

19 **Integration von flexiblen Fertigungszellen in die PPS**
Von H.-U. Förster. ISBN 3-540-50181-9.
1988, 179 Seiten mit 78 Abbildungen 68,- DM

20 **Bestimmung des Automatisierungsgrades der rechnergestützten NC-Programmierung**
Von V. Pfennig. ISBN 3-540-50229-7.
1988, 150 Seiten mit 59 Abbildungen 68,- DM

21 **Auswahl und Beurteilung EDV-gestützter IPS-Systeme**
Von U. Breer. ISBN 3-540-50747-7.
1989, 158 Seiten mit 58 Abbildungen und 23 Tabellen 68,- DM

22 **Sicherheit bei Instandhaltungsarbeiten**
Von P. Hartung. ISBN 3-540-50748-5.
1989, 189 Seiten mit 81 Abbildungen 68,- DM

23 **Die Computersimulation – Instrumentarium zur Gestaltung komplexer Arbeitssysteme**
Von F.-J. Gaksch. ISBN 3-540-51536-4.
1989, 172 Seiten mit 64 Abbildungen und 23 Tabellen 68,- DM

24 **Rechnergestützte Konstruktionsarbeit – Humane und wirtschaftliche Gestaltung von Organisation, Technik und Qualifikation**
Von S. Schreuder. ISBN 3-540-51660-3.
1989, 190 Seiten mit 67 Abbildungen und 16 Tabellen 68,- DM

25 **Rechnergestützte Produktionsplanung und -steuerung – Effizienzorientierte Auswahl anpaßbarer Standardsoftware**
Von E. Miessen. ISBN 3-540-51829-0.
1989, 190 Seiten mit 24 Abbildungen und 7 Tabellen 68,- DM

26 **Materialflußorientierte Termin- und Kapazitätsplanung – Ein Konzept für Serienfertiger**
Von K. Treutlein. ISBN 3-540-51872-X.
1990, 176 Seiten mit 56 Abbildungen und 5 Tabellen 68,- DM

27 **Konzepte der CAD / PPS-Kopplung**
Von M. Braun. ISBN 3-540-52492-4.
1990, 228 Seiten mit 67 Abbildungen 68,- DM

28 **Arbeitsorganisation bei Einsatz einer CAD / NC-Kopplung**
Von Th. Scheller. ISBN 3-540-52750-8.
1990, 133 Seiten mit 51 Abbildungen und 3 Tabellen 68,- DM

29 **Optimale Datenintegration bei rechnerintegrierter Produktion**
Von E. Köhl. ISBN 3-540-52756-7.
1990, 144 Seiten mit 61 Abbildungen 68,- DM

30 **PPS beim Einsatz flexibler Fertigungssysteme – Voraussetzungen und Gestaltungshinweise für eine effiziente Auftragsabwicklung**
Von K. Hirt. ISBN 3-540-52757-5.
1990, 227 Seiten mit 109 Abbildungen 68,- DM

31 **Kennzahlen für die Logistik**
Von A. Syska. ISBN 3-540-53296-X.
1990, 220 Seiten mit 61 Abbildungen 68,- DM

32 **Grundlagen der Investitionsentscheidung über automatische Formanlagen**
Von K.-B. Bentler. ISBN 3-540-53297-8.
1990, 107 Seiten mit 32 Abbildungen und 5 Tabellen 68,- DM

33 **Ganzheitliche Produktionsplanung und –steuerung – Konzepte für Produktionsunternehmen mit kombinierter kundenanonymer und kundenbezogener Auftragsabwicklung**
Von W. Büdenbender. ISBN 3-540-53642-6.
1991, 182 Seiten mit 58 Abbildungen 68,- DM

34 **Produktivitätsbestimmung in indirekten Bereichen**
Von U. Michaelis. ISBN 3-540-53823-2.
1991, 166 Seiten mit 41 Abbildungen und 1 Tabelle 68,- DM

35 **EDV-gestützte Planung und Steuerung der Arbeitsplanung**
Von L.-O. Schnier. ISBN 3-540-53888-7.
1991, 168 Seiten mit 56 Abbildungen 68,- DM

36 **Spracheingabe zur Programmierung von Schweißrobotern**
Von B. Scherff. ISBN 3-540-53953-0.
1991, 164 Seiten mit 54 Abbildungen und 6 Tabellen 68,- DM

37 **DISKOVER – Neuartiges Dispositionsverfahren zur Bestandsreduzierung**
Von R. Huhndorf. ISBN 3-540-54007-5.
1991, 132 Seiten mit 80 Abbildungen 68,- DM